大气边界层探测实习教程

王成刚　主编

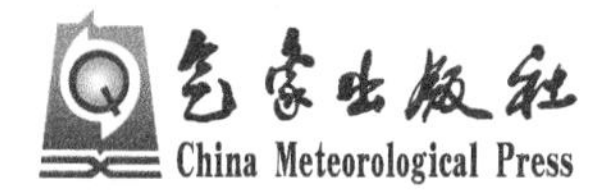

内容简介

本书针对大气边界层探测实习中涉及的超声风速仪、自动气象站、梯度气象塔、探空仪、飞机观测系统、风廓线雷达、激光雷达、微波辐射计等仪器，分别介绍了仪器的基本特征、工作原理，如何使用这种仪器的观测资料，并给出了具体操作范例，让读者更容易上手，逐步完成实习报告。教材所附的有关实习资料可从气象出版社网站下载，提供的个例数据、图像等资料可供学生实习时使用，尽量做到与“边界层气象学”教学大纲紧密结合，尽可能覆盖“边界层气象学”多方面的知识点，促进学生加深对大气边界层物理过程的理解，强化理论联系实际，并提高上机操作、信息处理和数据分析应用的能力。

本书可供大气科学类、环境科学类专业以及其他相关专业本科生作为教学实习或自学教材，也可供研究生以及从事大气物理，大气边界层，大气环境，天气预报等相关领域的科技人员参考使用。

图书在版编目(CIP)数据

大气边界层探测实习教程 / 王成刚主编. — 北京 ：气象出版社，2019.8

ISBN 978-7-5029-7012-3

Ⅰ.①大… Ⅱ.①王… Ⅲ.①大气边界层-大气探测-实验-高等学校-教材 Ⅳ.①P421.3-33

中国版本图书馆 CIP 数据核字(2019)第 161635 号

大气边界层探测实习教程

出版发行：气象出版社
地　　址：北京市海淀区中关村南大街 46 号　　**邮政编码**：100081
电　　话：010-68407112(总编室)　010-68408042(发行部)
网　　址：http://www.qxcbs.com　　**E-mail**：qxcbs@cma.gov.cn
责任编辑：王　迪　黄红丽　　**终　　审**：吴晓鹏
责任校对：王丽梅　　**责任技编**：赵相宁
封面设计：博雅思企划
印　　刷：北京中石油彩色印刷有限责任公司
开　　本：720 mm×960 mm　1/16　　**印　　张**：10
字　　数：204 千字　　**彩　　插**：2
版　　次：2019 年 8 月第 1 版　　**印　　次**：2019 年 8 月第 1 次印刷
定　　价：40.00 元

《大气边界层探测实习教程》
编写组

主　　编：王成刚

编写人员（按姓氏拼音音序排序）：

曹　乐　姜海梅　李军霞　钱　博

王巍巍　吴　迪　夏俊荣　严家德

前　言

大气边界层(Atmospheric Boundary Layer)是指距地球表面 1～2 km 范围内的低层大气。由于直接受下垫面的影响，大气边界层有着与自由大气明显不同的特征，如湍流运动剧烈，温、湿、风等气象要素日变化较大等。同时，大气边界层也是地球表面与自由大气间进行物质、能量、热量和水汽交换的必经气层，人类生产、生活也都发生在该层。因此，大气边界层内大气运动规律的研究成为地球科学领域中极为重要的分支。

"大气边界层探测实习"是"边界层气象学"课程的必要补充。学生在实习过程中，通过仪器的使用，观测资料的处理，物理过程的分析，可以加强理论与实践的结合，同时也增强了学生的动手能力，独立处理问题的能力。

大气边界层探测主要包括：基本气象要素(温、湿、风等)平均量和脉动量测量；湍流通量以及相关特征量的测量；地表状况及物理、化学过程的测量。本教程是大气科学类专业学生在学完大气探测学、边界层气象学等相关专业课程后，开展实习的指导用书。考虑到近年来大气边界层探测领域取得了很多新进展，因此本教程在内容上较兰晓(Lenschow D. H.)主编的《大气边界层探测》有较大改动，增加了一些新内容。

本教程共分 9 章，其中第 2 章由姜海梅老师编写，第 4 章由吴迪老师编写，第 5 章由严家德老师编写，第 7 章由夏俊荣老师编写，第 8 章由曹乐老师编写，其余部分由王成刚老师编写。此外，本书编写过程中，李军霞博士、彭珍博士、王伟博士、王巍巍博士提供了很多素材。本教材由 2014 年大气科学与环境气象实习教材建设项目(SXJC2014B01)和南京信息工程大学教材出版基金资助，朱彬教授、倪东鸿教授和张永宏教授提供了诸多建议和帮助，在此一并表示感谢。

在此特别感谢南京大学蒋维楣教授在本书撰写过程中提出了很多宝贵意见和建议，同时也感谢恩师这些年的关心、照顾。祝老人家福寿绵长。

由于教程编写仓促，不妥和谬误之处在所难免，敬请读者批评指正。

王成刚

2019 年 7 月

目　录

第 1 章 概 论

1.1 边界层气象学概述

“边界层”是指流体与刚性界面之间形成的一个运动性质与流体内部不同的区域。大气作为流体的一种，与陆地（或海洋）之间也会形成一个运动性质特殊的区域，即“大气边界层”（Atmospheric Boundary Layer，ABL）。该层大气可定义为受下垫面强迫作用最明显，存在各种尺度的湍流，湍流输送起着重要作用并导致气象要素有显著日变化的一层大气。大气边界层很薄，典型厚度从百米到一两千米，但它在地球各个圈层相互作用中却扮演了十分重要的角色，因此，大气边界层内各种物理、化学、生物过程的研究成为地球科学领域中的热点（Lee，2018；斯塔尔，1991；Garratt，1992）。

边界层气象学是以湍流理论为基础。自 1883 年雷诺（Reynolds，1883）发现湍流以来，有关湍流的研究进入一个快速发展期，如湍流混合长理论的提出，湍流均匀各向同性理论应用，湍流能谱与频率之间的 −5/3 幂次关系的建立等。在湍流理论较为成熟之后，大气边界层的研究也迈入一个新时代。1971 年，布辛格等（Businger et al.，1971）利用美国堪萨斯（Kansas）试验资料得到了莫宁-奥布霍夫（Monin-Obukhov，M-O）相似性函数的具体表达式，戴尔（Dyer，1982）在 1982 年对其进行了完善。随着该理论的提出和完善，近地面层气象要素、地表通量的计算才有了可依靠的手段。在此基础上，大气边界层的理论和观测研究开始从近地面层向整个边界层拓展，而且还针对不同层结条件的边界层物理过程、气象要素的空间分布特征开展了大量研究。“平坦、均匀、定常”条件下的大气边界层研究取得了很多卓越的成果（蒋维楣 等，1994；赵鸣 等，1992）。然而，随着工作的不断深入，大气边界层的研究也进入瓶颈期，“非均匀下垫面”“复杂地形”“复杂天气”等一系列边界层问题逐渐成为该领域的热点。

1.2 大气边界层的特征

在开展后续内容学习之前，我们需对大气边界层的基本物理过程，气象要素的时空分布特征进行简要回顾。

1.2.1 大气湍流的特征

大气湍流和一般湍流的不同之处在于大气始终处于旋转的地球之上，大气的密度、温度、速度等都是不均匀的，且随着高度不断变化(张宏昇，2014；胡非，1995)。湍流的存在可将这些物理量从高值区向低值区进行输送。湍流具有显著的多尺度特征，即湍涡的空间尺度可从毫米量级，跨越到千米量级；时间尺度可从“秒”量级至“天”量级，尺度变化有 10^6～10^{10} 倍之多。大量的研究结果表明，大气边界层湍流有如下的基本特征：随机性；非线性；扩散性；大雷诺数性质；耗散性；间歇性；涡旋性；连续性；记忆性；猝发与拟序结构(详见第 2 章)。

大气湍流的产生和维持主要有三大类型，如图 1.1 所示。

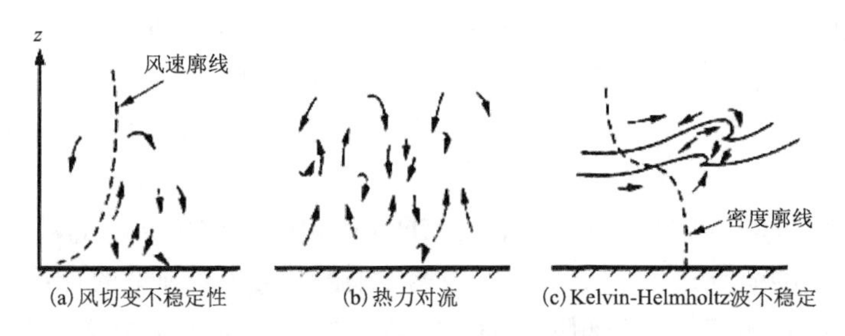

图 1.1 大气湍流的产生和维持示意(盛裴轩 等，2003)

(1)风切变产生的湍流：在近地层中，地表作为不滑动的底壁，移动速度为 0，而自由大气的相对移动速度通常较大，故自由大气与地球表面之间存在较大的垂直风切变。风切变的存在为湍流的生成提供了机械动能，而且湍流一旦形成，湍流摩擦力将会源源不断地将平均运动的动能转化为湍流运动的动能，使湍流维持下去。故大气边界层中，湍流运动是大气的主要运动方式之一。

(2)热浮力产生的湍流：地表在太阳辐射的作用下，通常会在大气边界层中产生对流泡或羽流。由于气层的不稳定和卷夹作用，热泡和羽流会部分地破碎为小尺度湍流。对流湍流的能量来源是直接或间接的热浮力做功。除此之外，积云、积雨云及密卷云中的湍流也是对流湍流的一种，它们的出现还和云中水汽相变过程有关。

(3)波动产生的湍流：大气呈稳定层结时，湍流通常较弱甚至消失，但稳定层结条件下的大气运动经常存在较强的风切变，这时会产生切变重力波。当风切变够大时，运动成为不稳定的状态，流动随着波动振幅增大而破碎，破碎波的叠加便构成湍流。

湍流一旦形成，上下层混合加强，风切变随之减弱，流动又恢复到无湍流状态，如此往复不已。

1.2.2　平均风场特征

大气在边界层中的运动常以三种形式表现：平均风、湍流和波动。实际上，波或湍流通常是叠加在平均风场上的。由于边界层内大气垂直运动通常较小，一般是由大尺度天气过程的流场辐合、辐散引起，量级在毫米到厘米之间，故此，通常忽略该值。水平风速不仅有明显的日变化，而且还有较大的垂直梯度。在边界层内，空气运动主要在气压梯度力、科氏力、湍流摩擦力三力平衡下进行，受边界条件制约，地面风速为0，风速随高度逐渐增加，而且风向随高度向右旋转（北半球），直至边界层顶风向、风速与自由大气中的地转风相合。由于风矢量端迹为一螺线，被称为埃克曼(Ekman)螺线，如图1.2所示。

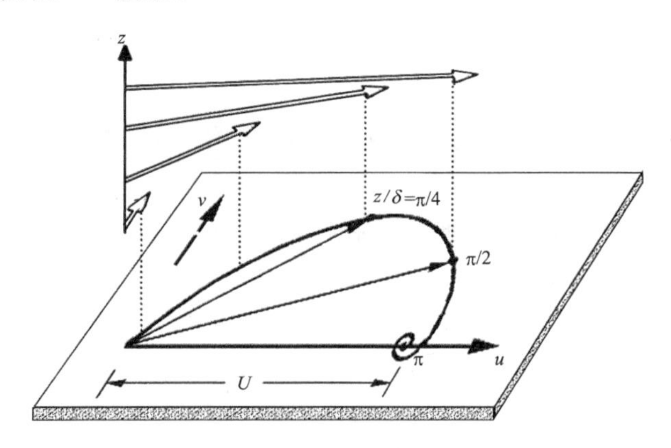

图1.2　Ekman层的风廓线图，螺线的风速矢量端迹

1.2.3　温度场特征

大气边界层紧邻地表，地表温度的变化会强迫近地层大气温度也随之变化，但有一定的滞后性。诸如，中午由于强烈的日射使地表强烈增温，在湍流输送的作用下，气温也随之升高；夜晚由于地表长波辐射冷却作用，气温逐步降低。此外，近地层气温的垂直梯度比自由大气要大得多，而且越接近地表气温梯度越大，气温的垂直分布对边界层结构特征有重要影响。大气边界层的研究中，通常以位温代替温度进行讨论(Blackadar，1962)。位温的垂直分布一般有三种情形，如图1.3所示。

三种不同分布状况表征了大气层结的稳定度，从而支配不同的边界层特性。当位温随高度递减时，气块的铅直运动会受到热浮力的作用加速上升，使湍流发展；反之，当位温随高度递增时，热浮力做负功，湍流能量将受损耗，抑制湍流活动，从而抑制动量、热量和物质的交换。

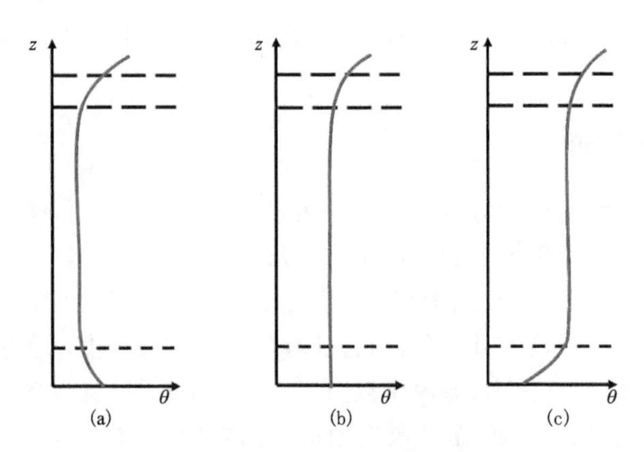

图 1.3　三种不同的位温垂直分布

(a)不稳定层结;(b)中性层结;(c)稳定层结

1.2.4　湿度场特征

大气中的水汽多来自地表蒸发和植物蒸腾,水汽蒸发的同时也把潜热带进大气,潜热的收入几乎占到大气热量总收入的一半。水汽从地表蒸发后首先进入边界层,然后通过湍流交换逐层上传,并通过各种形式的垂直运动进入自由大气。显然大气边界层的物理状态决定了水汽进入自由大气的多寡。在地表强迫及湍流输送的共同作用下,近地层大气湿度有较强的日变化特征。以潮湿下垫面为例,由于湿土表面的水汽压始终维持土壤表面温度下的最大水汽压,故此,白天随着土壤表面温度的增高,地表附近及地层空气内的绝对湿度和比湿也要增大;而夜间随着温度的降低,比湿将相应减小。在垂直方向上湿度廓线具有随高度单调递减的特征,比湿的垂直分布一般有两种情形,如图 1.4 所示。

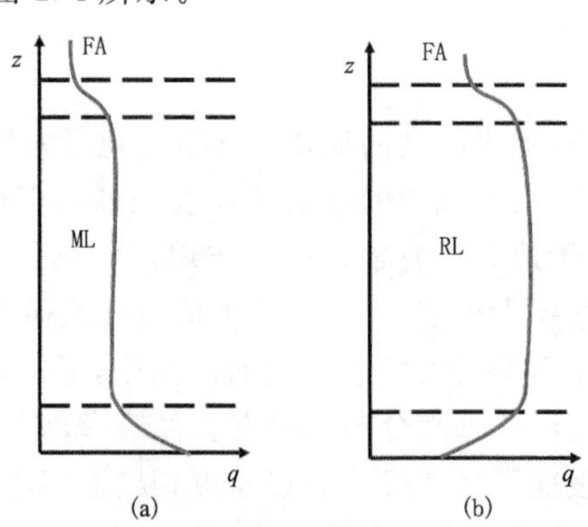

图 1.4　湿度场垂直分布特征

(a)不稳定条件下的垂直分布;(b)稳定条件下的垂直分布

总体而言，大气边界层中湿度的研究相对较难，其主要原因为湿度受下垫面的影响非常明显，在众多下垫面类型中，既有沙漠、戈壁等干燥下垫面，同时也有海洋、湖泊、植被等湿润下垫面，不同的下垫面对应不同的湿度特征。此外，水汽还具有"三相转变"的特征，因而，气温变化也会对湿度的分布起重要影响。

1.3 大气边界层的研究方法

综上所述，大气边界层在整个地球系统中起着独特的重要作用，因此，有关边界层的研究越来越被人们重视。加之，边界层的复杂性、湍流结构的非定常、非均匀，以及下垫面的特性要求边界层气象学有一套相应的研究方法。迄今，这套研究方法主要在以下三个方向进行，即理论研究、数值模拟和观测试验，三者相互结合，相互补充，共同推进边界层气象学的发展(张强，2003;刘红年 等，2004;刘辉志 等，2013)。

理论研究作为实验研究的指导，其主要任务是给出大气边界层中所有问题的理论分析，包括大气边界层各种作用力的平衡关系，由这些平衡关系给出支配方程组，体现大气边界层的特征，给出其特征参量，求解闭合方案及其解等。由于大气边界层运动的湍流性，及各种非均匀、非定常和非线性动力学问题的支配致使边界层中的很多问题都没有较好解决。

随着计算机和数值模拟技术的飞速发展，数值模拟方法已越来越受到青睐。边界层理论与支配方程的非线性特点，迫使人们通过数值求解的途径处理问题。在一定的初始条件和边界条件下，建立尽可能完善的数学物理模型，配合合适的数值计算方法，便可以又快、又细致地给出数值模拟结果。

观测试验方法包括:野外观测试验和实验室物理模拟两种手段(本书仅讨论前者)。外场观测试验是全尺度的，最真实的试验方法，长期以来，一直占有重要地位。早期，近地层气象观测促使微气象学建立并得以发展。后来，由于大气边界层探测技术的迅猛发展，飞机观测、声、光、电、微波、红外线等各种遥感遥测技术的发展使边界层探测伸向更高、更密、更广的时空范围，促进了边界层气象学的进一步发展。

1.4 我国大气边界层探测的发展历程

我国大气边界层探测起步相对较晚，但一直紧跟国际前沿(胡非 等，2003)。20世纪50年代，老一辈大气科学工作者研制了风、温、湿廓线探测系统、波文比(Bowen Ratio)探测系统和防风净辐射表，并在微气象学、城市热岛等领域取得大量研究成果。20世纪70年代，中国科学院大气物理研究所建成了高325m的气象专用观测塔，安装了15层风速、风向、温度和湿度的自动观测系统，其高度是当时世界专用气象塔之最。此后，我国相继研制了声雷达、风廓线雷达、激光雷达等遥感探测仪器，在大气边界层风、温、湿及污染物的测量中发挥了很大优势。

近年来,我国开展了一系列大型野外观测试验(黑河地区地气相互作用观测试验,全球典型干旱地区气候变化及其影响,城市边界层三维结构研究,南海季风试验研究,三次青藏高原大气科学试验等),每个项目都将大气边界层探测作为重点研究内容,这些观测项目为提高探测水平、获取优质观测数据带来了很好的机遇。但我国的大气边界层实验仪器和科研队伍与国际先进水平还有一定差距,尤其是在硬件、软件及人才培养上还有一定上升空间。

(1)在硬件方面,应大力发展大气边界层探测技术,采取自行研制与引进相结合的原则;加强基础工艺和基础器件研究,提高仪器的可靠性、精确性、稳定性。具体地讲就是:加强大气边界层遥感设备的研制和使用(如声雷达、风廓线雷达、激光雷达、无人飞机等);加强边界层探测设备的研究和使用(如 GPS 探空仪等);加强湿度和痕量气体快速响应探测仪器的研制(如超声风速仪、H_2O/CO_2 通量仪等)。

(2)在软件方面,应加强观测方法研究,如:探头架设原则、误差订正、测量方法、数据处理研究等,尤其重要的是实验方案设计。实验方案设计应考虑不同仪器、不同方法间在实验前后的比较;实验中的巡回比较措施;多种探测手段同步实施等。

(3)人才方面,大气边界层探测涉及面广,要求相关研究人员应具备扎实的理论基础、电子学基础和仪器学基础,还要熟悉计算机软、硬件原理,积累丰富的外场工作经验。

基于上述问题,我们撰写了《大气边界层探测实习教程》这本教材。寄希望于,学生通过教材中安排的仪器工作原理,学习仪器的使用,资料处理、分析等,提高学生的动手能力和创新能力。

1.5 思考题

(1)边界层内大气湍流运动是怎样对气象场进行影响的?

(2)通过文献阅读,讨论现阶段大气边界层主要研究内容有哪些?

(3)通过文献阅读,讨论现阶段大气边界层研究中的新技术、新方法、新仪器有哪些?

参考文献

胡非, 1995. 湍流、间歇性与大气边界层[M]. 北京: 科学出版社.

胡非, 洪钟祥, 雷孝恩, 2003. 大气边界层和大气环境研究进展[J]. 大气科学,27(4):712-728.

蒋维楣,徐玉貌,于洪彬, 1994. 边界层气象学基础[M]. 南京: 南京大学出版社.

刘红年, 刘罡, 蒋维楣,等, 2004. 关于非均匀下垫面大气边界层研究的讨论[J]. 高原气象,23(3):412-416.

刘辉志，冯健武，王雷，等，2013. 大气边界层物理研究进展[J]. 大气科学，37(2):467-476.

盛裴轩，毛节泰，李建国，等，2003. 大气物理学[M]. 北京：北京大学出版社.

斯塔尔，1991. 边界层气象学导论[M]. 青岛：青岛海洋大学出版社.

张宏昇，2014. 大气湍流基础[M]. 北京：北京大学出版社.

张强，2003. 大气边界层气象学研究综述[J]. 干旱气象，21(3):74-78.

张兆顺，崔桂香，许春晓，2008. 湍流大涡数值模拟的理论和应用[M]. 北京：清华大学出版社.

赵鸣，苗曼倩，1992. 大气边界层[M]. 北京：气象出版社.

Blackadar A K, 1962. The vertical distribution of wind and turbulent exchange in a neutral atmosphere[J]. Journal of Geophysical Research, 67(8):3095-3102.

Businger J A, Wyngaard J C, Izumi Y, et al, 1971. Flux-Profile relationships in the atmospheric surface layer[J]. J. Atmospheric Sci, 28: 181-189.

Dyer A J, Bradley E F, 1982. An alternative analysis of flux-gradient relationships at the 1976 ITCE[J]. Boundary-Layer Meteorology, 22(1):3-19.

Garratt J R, 1992. The atmospheric boundary layer[M]. Combridge:Cambridge University Press.

Lee X H, 2018. Fundamentals of boundary-layer meteorology[M]. New York: Springer International Publishing.

Lenschow D H, 1991. 大气边界层探测[M]. 北京：气象出版社.

Reynolds O, 1883. An experimental investigation of the circumstances which determine whether the motion of water shall be direct or sinuous, and of the law of resistance in parallel channels[J]. Proceedings of the Royal Society of London, 35:84-99.

第 2 章 大气边界层湍流的观测

2.1 大气湍流基础

边界层气象学的发展是以湍流研究进展为基础。湍流的不规则运动使大气边界层内动量、热量、水汽以及物质产生混合和输送，直接影响边界层大气的动力和热力结构，从而对天气、气候及大气环境变化产生重要影响（Panofsky et al.，1984；刘式达 等，2008.）。本章将主要介绍大气湍流的基础知识及观测资料的后处理方法。

2.1.1 湍流的形成

大量研究结果表明，大气湍流的产生主要来源于风切变做功和热浮力做功。前者是在有风向风速切变时，湍流切应力对空气微团做功。后者是指在不稳定大气层结中，热浮力对垂直运动的空气微团做功，使湍流增强；在稳定大气层结中，随机上下运动的空气微团受到的浮力小于重力，要反抗重力做功而失去动能，使湍流逐渐减弱。除此之外，水汽相变、雷电及各种大气化学反应也都能影响湍流的发展。

2.1.2 湍流的基本特征

（1）随机性——无规则性：大气湍流的随机性表现为时间上呈非周期变化，空间上的无规则运动。但这种无规则并非是噪声的无规则，而是有一定统计规律、具有确定意义的随机性。

（2）非线性：湍流是高度非线性的大气运动。当流动达到某一特定状态，如雷诺数超过某临界值，流动中的小扰动就会自发地增长，并很快达到一定幅度。

（3）扩散性：湍流运动可引发动量、热量、水汽及其他物质快速混合和扩散。大气湍流具有很强的扩散能力，比分子扩散能力强很多。

（4）大雷诺数性质：湍流是一种在大雷诺数条件下才出现的现象，即非线性起主导作用，雷诺数越高，越容易出现湍流，边界层内的雷诺数可达到 10^8，因此边界层内的大气运动通常处于湍流状态。

（5）耗散性：湍流运动的能量由于分子黏性耗散作用最终转化为内能，因此只有不断从外部获取能量，湍流才能维持。

(6)间歇性：充分发展的湍流场中某些物理量并不是在空间或时间的每一点上都存在，即所谓的内间歇。与此同时，还存在湍流区与非湍流区时空不确定性，如积云与蓝天之间的界面，即所谓的外间歇。

(7)涡旋性：湍流结构可设想成由无数大小不同的三维(准二维)湍涡组成，它们相互叠加在一起，构成湍流的涡旋结构。湍流的运动过程就是湍涡分裂、合并、拉长、旋转的过程。

(8)连续性：湍流是一种连续介质的运动现象，因此满足连续介质力学的基本规律，例如纳维-斯托克斯(Navier-Stocks)方程。

(9)记忆特性——相关性：湍流运动在不同时刻或空间不同点上并不是独立的，而是有相互关联，但这种关联随着时间间隔或空间距离的增大而变小，最后趋近于零。

(10)猝发与拟序结构：在湍流混合层和剪切湍流边界层中存在大尺度的相干结构和猝发现象，说明湍流不是完全无秩序、无内部结构的运动。

2.1.3　大气湍流对气象要素的影响

如前所述，湍流是边界层内大气主要运动方式，这种无规则运动不仅使风场表现出随机性和无规则性，而且对边界层内其他气象要素的时空变化也起着重要影响。图 2.1 给出了风速、温度、比湿(u,v,w,T,q)随时间变化曲线。由图可见，5 个气象要素随时间的脉动变化有时非常剧烈，而有时又比较平缓，似乎无规律可循。若仔细观察，可以发现它们具有以 10 s 为周期的波动规律。另外，垂直运动 w 波动形势与气温，湿度非常相似。这表明湍流在运动过程中，可以使上层和下层空气进行充分混合，能够将各个气象要素从高浓度的地方输送到低浓度的地方，即湍流输送。

在湍流的作用下，单位时间、单位面积上通过动量、热量、水汽量及其他物质量的多少分别称为湍流动量通量、湍流热量通量、湍流水汽通量、湍流物质量通量，表达形式如下：

湍流动量通量：
$$\bar{\rho}\begin{bmatrix}\overline{u'u'} & \overline{u'v'} & \overline{u'w'} \\ \overline{v'u'} & \overline{v'v'} & \overline{v'w'} \\ \overline{w'u'} & \overline{w'v'} & \overline{w'w'}\end{bmatrix} \tag{2.1}$$

湍流热量通量：
$$c_p\bar{\rho}(\overline{\theta'u'},\overline{\theta'v'},\overline{\theta'w'}) \tag{2.2}$$

湍流水汽通量：
$$\bar{\rho}(\overline{q'u'},\overline{q'v'},\overline{q'w'}) \tag{2.3}$$

湍流物质量通量：
$$\bar{\rho}(\overline{C'u'},\overline{C'v'},\overline{C'w'}) \tag{2.4}$$

$-\bar{\rho}\,\overline{u_i'u_j'}$是一个二阶对称张量，对角线上的三个分量称为正交张量，非对角线的

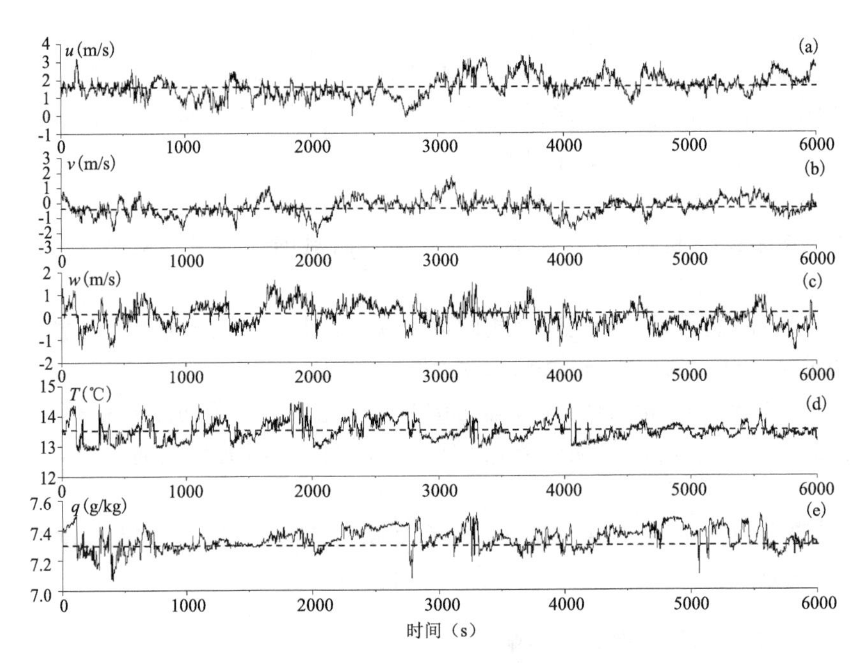

图 2.1　2015 年 2 月 14 日苏州东山观测站点，涡动相关系统观测得到的风速(u,v,w)、温度(T)、比湿(q)随时间变化的分布

称为切变张量，它具有力/单位面积的量纲，又称为湍流切应力(雷诺应力)。如果湍流是各向同性的，则切变张量皆为零。可能出现四种情况，即：(1) $u'>0, w'>0$；(2) $u'<0, w'>0$；(3) $u'<0, w'<0$；(4) $u'>0$, $w'<0$。如果这四种组合出现的机会都相同，必然导致$\overline{u'w'}=0$。

而实际情况中，大气边界层中的下沉运动常伴随较大风速，即 $w'<0$, $u'>0$；而上升运动常伴随较小风速，即 $w'>0$, $u'<0$。这两种情况都导致$\overline{u'w'}<0$，其结果是造成动量向下传递。由此可知，由于湍流运动导致动量的上下层发生交换，会使平均速度变得均匀。从另一角度看，可认为上层的流体通过该水平面对下层流体施加一沿切向方向的力，即湍流切应力，使下层流体加速，所以在大气边界层中通常将湍流动量通量等价为湍流切应力或湍流摩擦力。

由于大气中水平方向的湍流通量比垂直方向的湍流通量小得多，可以略去；而主对角线上三个分量$\overline{u'^2}$、$\overline{v'^2}$和$\overline{w'^2}$又代表湍流能量，故湍流通量只剩下垂直分量$\bar{\rho} c_p \overline{\theta' w'}$、$\bar{\rho}\overline{q' w'}$和$\bar{\rho}\overline{u' w'}$、$\bar{\rho}\overline{v' w'}$。为方便起见，常将$\overline{u'w'}$、$\overline{v'w'}$等称作运动学通量，或简称通量。

最早对大气湍流的定量观测可以追溯到 1917 年，泰勒(Taylor)利用气球和风杯得到观测结果，并进一步得到了湍流的涡动通量和非各向同性的特征。1941 年科尔莫哥洛夫(Kolmogorov)通过量纲分析得到湍流能谱和频率之间的－5/3 幂次关系。

1954 年莫宁和奥布霍夫又发现了湍流的相似性理论。在这两项湍流理论的基础上，湍流观测开始引起各国科学家的广泛关注(Foken,2008; Lee et al. ,2004)。但是早期观测使用的是慢速响应仪器，这些仪器得到的数据只是风速、温度等物理量的平均值，很难获取湍流的脉动量，因此对湍流的描述有一定的局限性。上世纪六十年代开始，随着超声风速仪、热线风速仪、涡动相关系统、大孔径闪烁仪和其他快速响应仪器的问世，以及计算机的应用使得湍流脉动资料的获取和计算处理成为可能(蔡旭晖，2008; 高志球 等，2004)。本章的主要实习任务为，了解涡动相关系统的工作原理，掌握湍流观测资料的处理方法。

2.2　实习目的

本章实习目的：

(1)了解湍流观测仪器的基本工作原理；

(2)掌握温度、湿度、风速脉动量的获取；

(3)掌握湍流热量通量、水汽通量、动量通量的计算方法；

(4)建立湍流谱结构、谱特征的初步认识。

2.3　仪器介绍

涡动相关系统(eddy covariance systems，EC)是一种常用的湍流观测系统，该系统利用快速响应传感器来测量湍流特征，以及地表与大气之间的物质、能量、动量的交换。系统由三维超声风温仪(又称三维超声风速仪)和 H_2O/CO_2 红外气体分析仪组成，如图 2.2 所示。超声风速仪获取高频(10～50 Hz)的三维风速(u,v,w)和超声

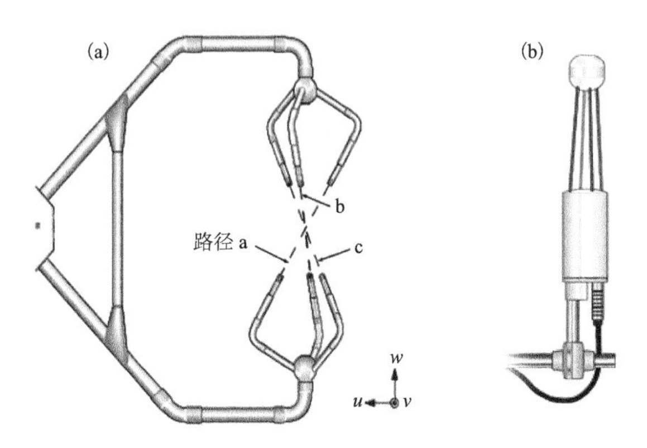

图 2.2　涡动相关通量观测系统中的三维超声风速仪(a)和 H_2O/CO_2 开路(红外气体)分析仪(b)

虚温(T_s);H_2O/ CO_2 红外气体分析仪获取高频的 CO_2、H_2O 的浓度测量值。这两种传感器测得的数据构成了涡动协方差系统的原始数据,经过数据采集器在线计算或离线处理,可得到时间平均(30min)的动量通量、感热通量、潜热通量、CO_2 通量、摩擦风速等湍流特征值。

三维超声风速仪由 120°张角的三组探头组成,垂直测量路径为 10 cm。每一组正对的两个探头都要沿该组探头的轴线方向交替发射超声波信号并被对面探头接收。由于沿探头轴线方向的风速分量的影响,使声音到达接收器的时间随风速而变化,从而获取三相正交风速分量(u,v,w)和超声虚温(T_s)。

三维超声风速仪的测量原理为:假定相对的一组探头之间的距离为 L,风速沿探头轴线方向的分量为 v_l,超声的传播速度为 C,仪器记录正向和逆向的两次超声传播时间分别为 t_1 和 t_2,则有:

$$t_1=\frac{L}{C+v_l},\quad t_2=\frac{L}{C-v_l} \tag{2.5}$$

由上式可以分别求得:

$$v_l=\frac{(t_2-t_1)}{2t_1t_2}L,\quad C=\frac{(t_1+t_2)}{2t_1t_2}L \tag{2.6}$$

根据三对探头方向的 v_l 进行三相正交分解即可得到风速分量(u,v,w);超声的传播速度与空气温度、比湿存在如下关系:

$$C^2=\gamma R_d T(1+0.61q) \tag{2.7}$$

式中,γ 为干空气定压比热与定容比热比,为 1.4,R_d 为干空气气体常数,为 289,q 为比湿。因此根据 C 的值可求得:

$$T_s=T(1+0.61q) \tag{2.8}$$

T_s 定义为超声虚温(单位:K)。根据 H_2O/ CO_2 分析仪或其他测湿仪器获取的比湿 q 的值即可订正得到空气温度 T(单位:K)。超声风速仪实际输出的温度为 T_s 转换为℃后的值。

红外 H_2O/ CO_2 开路分析仪是目前较为先进的气体分析仪,可在复杂的组成气体中测量 CO_2 和 H_2O 的绝对密度,其观测原理为比尔-朗伯定律(Beer-Lambert law):

$$I_\lambda= I_{0\lambda}e^{-(K_\lambda \rho x)} \tag{2.9}$$

式中,$I_{0\lambda}$为光源发射的 λ 波长的光强;I_λ 为经过 x 厚度的吸收气体衰减后的光强;K_λ 为吸收气体的波长吸收系数;ρ 为光路中的吸收气体的浓度。考虑到水汽和二氧化碳气体的强吸收带均在红外波段(2.59 μm 和 4.26 μm),如图 2.3 所示。H_2O/ CO_2 开路分析仪选用红外光源,气体通过分析仪头部开放的路径时,CO_2 和 H_2O 的绝对密度(ρ)可通过测量光强的衰减进而利用(2.9)式求得。

2.4 资料处理方法介绍

涡动相关方法作为一种直接测量近地层湍流、获取地表与大气间 CO_2、H_2O 和

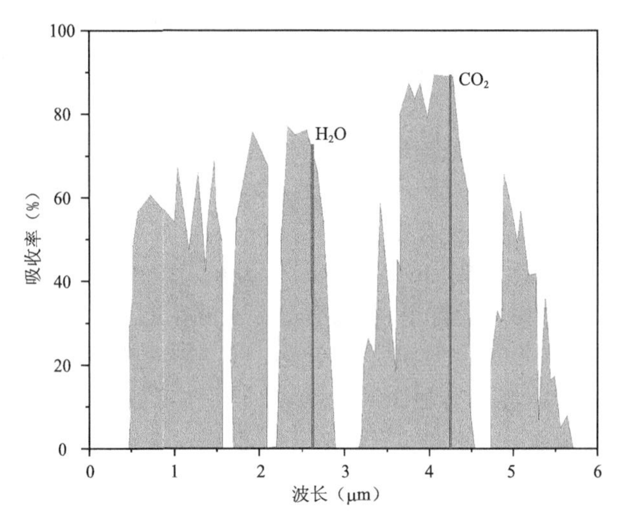

图 2.3　H_2O 和 CO_2 气体在红外波段随波长变化的吸收率

能量通量的重要方法，已经成为国内外广泛使用的观测技术。因此，如何将观测系统的误差降到最低以及排除可能的潜在影响是涡动相关技术数据质量控制中极其重要的环节。数据质量控制（QC）和数据订正（QA）是获取可靠湍流资料的基础，贯穿于数据产品生成及应用的整个过程。

现阶段，国内外研发单位开发了一些涡动相关资料的处理软件，如：EddyPro、Edire、TK2、ECPack、EddyMess 等。无论哪种软件，对湍流数据的处理都包含以下几个步骤：

（1）野点剔除。这是对原始资料时间序列进行质量控制的一部分，即去除由于外界环境干扰（如雨滴、尘粒等）或仪器内部误差产生的异常值，主要采用诊断标记检验、阈值检验和方差检验等方法。

（2）坐标旋转。主要目的是使平均风与 x 轴平行，侧风和垂直风速平均值为零（$\overline{v}=0$，$\overline{w}=0$）。常用的坐标旋转方法有二次旋转（double coordinate rotation），三次旋转（triple coordinate rotation），以及平面拟合方法（planar fit）。

（3）去趋势。各种通量资料通常采用 30 min 的总体平均，这是用累积频率分布方法分析通量的低频损失后得到的基本结论。应当注意，在维持大气“准定常”条件下，对低风速特别是夜间偏稳定层结情况，平均时间可能需要加长到 12 h。半小时的平均方案，因可能造成湍流通量的低频损失，可根据 Ogive 曲线来确定合适的平均时间。

（4）时间滞后修正。观测中，由于有些型号的 CO_2/H_2O 分析仪与超声风速仪架设存在一定空间间隔，红外气体分析仪所测 CO_2/H_2O 信号相对于超声仪所测速度信号有一定的时间滞后。对开路系统滞后时间为 200～300 ms。闭路系统的滞后则要大很多，一般需要根据两种信号的最大协方差分析来确定滞后时间。

(5)高低频响应订正。由于传感器结构问题和取平均时间不足造成的通量高低频损失，高低频响应订正，主要借助标准的协谱订正。

(6)超声虚温订正。根据公式(2.3)可知，超声风速仪得到的温度并非真实的空气温度，而是超声虚温，其中包括了比湿 q 的影响。因此在使用超声风速仪获取的温度数据时，需要对超声虚温进行订正。

(7)WPL 订正。全称为 Webb-Pearman-Leuning(1980)密度效应订正，即空气密度脉动对微量气体通量影响的订正，考虑热量和水汽输送所引起的空气密度脉动，需要对测定的潜热通量和 CO_2 通量进行密度效应订正，经过密度效应订正后，EC 直接观测的潜热通量和 CO_2 通量需加上一个水汽通量修正项和一个感热通量修正项。包括水汽和 CO_2 观测中的浓度单位转换和平均垂直气流订正两方面，对 CO_2 通量和水汽通量常产生较大影响。

湍流资料的处理过程如图 2.4 所示。

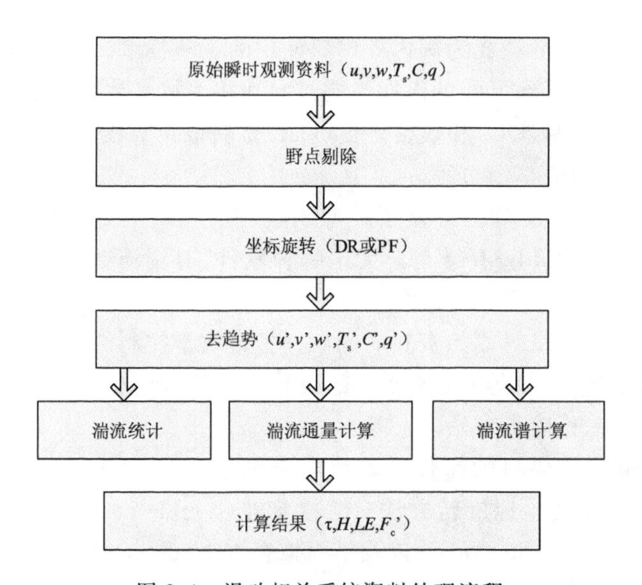

图 2.4　涡动相关系统资料处理流程

2.5　实习内容

(1)晴朗天气条件下涡动相关系统的观测及资料获取；以草地下垫面为例，利用涡动相关系统进行湍流、通量的观测；练习 CR3000 数据采集器存储卡的换取；存储卡内数据的导入导出。

(2)数据格式的识别。常用的湍流资料格式如图 2.5 所示产。

```
"TOA5","3830","CR3000","3830","CR3000.Std.09","CPU:W08085_1_2.cr3","9337","ts_data"
"TIMESTAMP","RECORD","Ux","Uy","Uz","Ts","co2","h2o","press","diag_csat","t_hmp","e_hmp"
"TS","RN","m/s","m/s","m/s","C","mg/m^3","g/m^3","kPa","unitless","C","kPa"
"","","Smp","Smp","Smp","Smp","Smp","Smp","Smp","Smp","Smp","Smp"
"2010-07-23 14:17:36.1",255183686,1.34975,-0.06125,0.25925,35.52286,686.8609,26.67299,100.6395,0,31.28345,3.169975
"2010-07-23 14:17:36.2",255183687,1.63475,-0.207,0.35975,35.87347,683.8572,26.91252,100.6395,0,31.26363,3.163997
"2010-07-23 14:17:36.3",255183688,1.616,-0.3655,0.34725,36.10153,677.7123,27.3986,100.6395,0,31.31977,3.173808
"2010-07-23 14:17:36.4",255183689,1.4055,-0.34125,0.42375,36.15417,674.8588,27.59383,100.6395,0,31.30326,3.178227
"2010-07-23 14:17:36.5",255183690,1.63125,-0.14875,0.19975,35.87173,679.4792,27.24204,100.6395,0,31.30656,3.172935
"2010-07-23 14:17:36.6",255183691,1.591,-0.06675,0.2395,36.05417,674.7091,27.60695,100.6395,0,31.25043,3.164481
"2010-07-23 14:17:36.7",255183692,1.79375,-0.1485,0.19925,36.1524,674.7952,27.61729,100.6755,0,31.30656,3.175501
"2010-07-23 14:17:36.8",255183693,1.74175,-0.002,0.379,36.19455,674.9184,27.59311,100.6755,0,31.366,3.186397
"2010-07-23 14:17:36.9",255183694,1.96625,0.0675,0.384,36.19803,675.4386,27.53401,100.6755,0,31.30326,3.166756
```

图 2.5　湍流资料格式示例(具体资料格式见附录 A)

(3)对原始资料进行野点剔除。利用滑动窗方法,计算该时间窗口内所有资料的平均值及标准差(SD),如果某点偏离平均值≥3.25 倍标准差,则将该点视为野点,用前后两点的平均值进行线性内插。计算原理如图 2.6 所示。

$$SD = \{\frac{1}{N}\sum_{1}^{N}(q(i)-\overline{q})^2\}^{1/2}$$
$$\text{if}(\text{abs}[q(i)-\overline{q}] \geqslant 3.25 \times SD)$$
$$\text{then} \quad q(i) = [q(i-1)+q(i+1)]/2 \tag{2.10}$$

其中:N 为时间窗的长度;i 为观测资料的序数。时间窗的长度通常选择几秒到几分钟,并且时间窗内的资料个数通常为奇数。即若选择的时间窗长度为 $2m+1$,(m 为自然数),待检测的资料为 $q(i)$,则滑动窗选择从 $q(i-m)$ 到 $q(i+m)$。

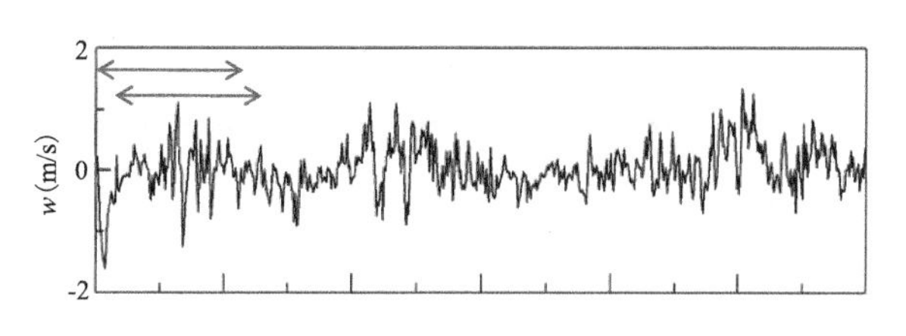

图 2.6　湍流资料处理过程中滑动平均法示意

(4)坐标旋转。坐标旋转的基本过程(图略),两次坐标旋转的过程可以通过矩阵运算来实现。

第 1 次旋转:以 z 轴为旋转轴进行 $x-y$ 平面旋转,使得新的 x 轴沿水平方向平均风方向,在新的坐标系里平均横风为 $0(\overline{v}=0)$,定义此旋转角为 γ,则有:

$$\begin{pmatrix} u_1 \\ v_1 \\ w_1 \end{pmatrix} = \begin{pmatrix} \cos\gamma & \sin\gamma & 0 \\ -\sin\gamma & \cos\gamma & 00 \\ 0 & 0 & 1 \end{pmatrix} \cdot \begin{pmatrix} u_0 \\ v_0 \\ w_0 \end{pmatrix} \tag{2.11}$$

式中,u_0,v_0,w_0 为原坐标系中的风速;u_1,v_1,w_1 为经过第一次坐标旋转后的风速,

并有 $\gamma=\arctan\left(\dfrac{\overline{v_0}}{\overline{u_0}}\right)$。

第 2 次旋转：以 y 轴为旋转轴旋转 $x-z$ 平面，使得在新的坐标系里平均垂直风速为 0（$\overline{w}=0$），定义此旋转角为 α，则有：

$$\begin{pmatrix} u_1 \\ v_1 \\ w_1 \end{pmatrix}=\begin{pmatrix} \cos\alpha & 0 & \sin\alpha \\ 0 & 1 & 0 \\ -\sin\alpha & 0 & \cos\alpha \end{pmatrix}\cdot\begin{pmatrix} u_2 \\ v_2 \\ w_2 \end{pmatrix} \tag{2.12}$$

其中：u_1,v_1,w_1 为经过第一次坐标旋转后的风速；u_2,v_2,w_2 为经过第二次坐标旋转后的风速，并有 $\alpha=\arctan\left(\dfrac{\overline{w_1}}{\overline{u_1}}\right)$。经过两次坐标旋转后，$\overline{v}=0$，$\overline{w}=0$。旋转后得到的 $v=\overline{v}+v'=v'$，即为横向湍流脉动量；$w=\overline{w}+w'=w'$，即为垂直方向的湍流脉动量。水平方向风速的湍流脉动量 u' 需要经过后续的去平均步骤来获得（$u'=u-\overline{u}$）。

（5）去趋势。根据雷诺分解思想对风速、温度、CO_2 浓度、比湿等要素进行去平均，获得湍流脉动量

$$\begin{aligned} u'&=u-\overline{u} \\ v'&=v-\overline{v} \\ w'&=w-\overline{w} \\ T_s'&=T_s-\overline{T_s} \\ q'&=q-\overline{q} \\ C'&=C-\overline{C} \end{aligned} \tag{2.13}$$

（6）物质通量的计算。在平均量，脉动量获取的条件下按下式计算动量通量、感热通量、潜热通量和二氧化碳通量

$$\tau=\rho(-\overline{u'w'}-\overline{v'w'});\quad H=\rho C_p\,\overline{w'\theta'};\quad LE=\rho L_v\,\overline{w'q'};\quad F_c=\rho\,\overline{w'C'} \tag{2.14}$$

2.6　实习范例

（1）上机浏览中国通量网（ChinaFlux）http://www.chinaflux.org，亚洲通量网（AsiaFlux）http://www.asiaflux.net（图 2.7）；全球通量网（Fluxnet）http://www.fluxnet.ornl.gov，了解现阶段湍流观测，通量观测的研究新进展。

（2）利用 EddyPro 软件对原始观测资料进行资料质量控制。

第一步：安装、运行 EddyPro 软件（图 2.8）。

第二步：输入项目名称；选择需要导入的文件格式；气象资料的格式（图 2.9）。

第三步：建立输入、输出路径及文件名（图 2.10）。

第四步：选择要订正、提取的物理量（图 2.11）。

图 2.7　中国通量网网址浏览

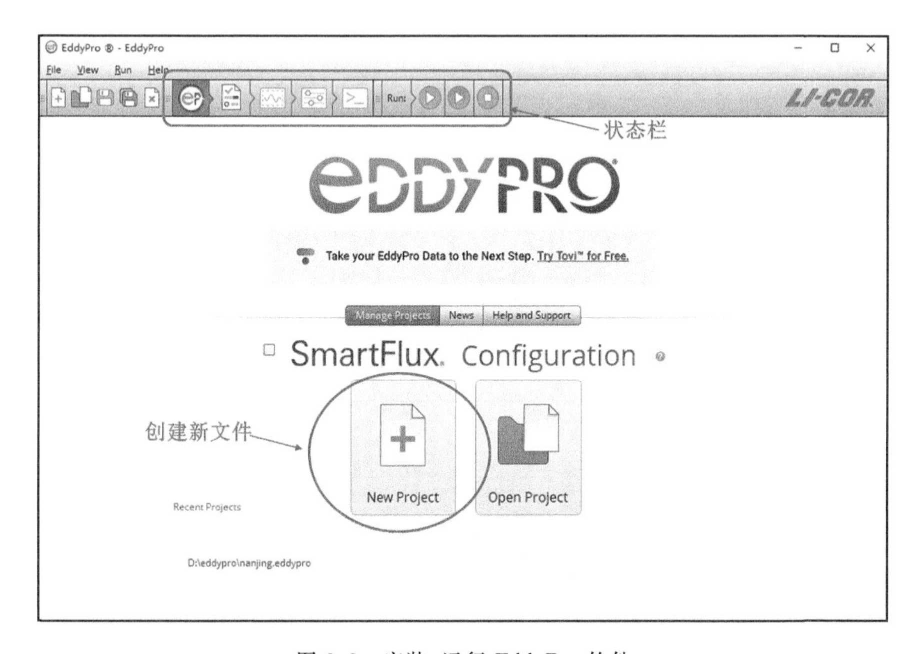

图 2.8　安装、运行 EddyPro 软件

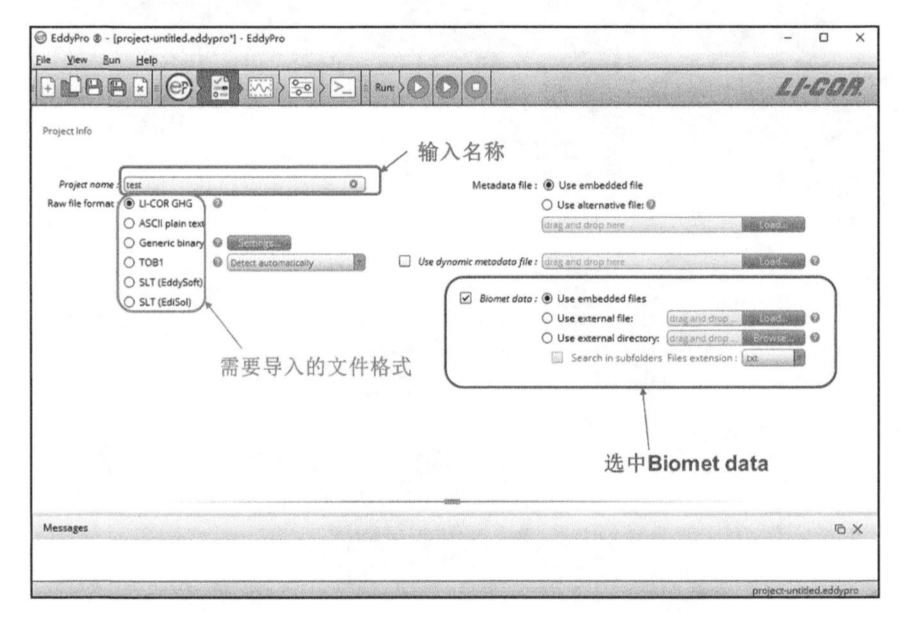

图 2.9　输入项目名称并选择其他选项

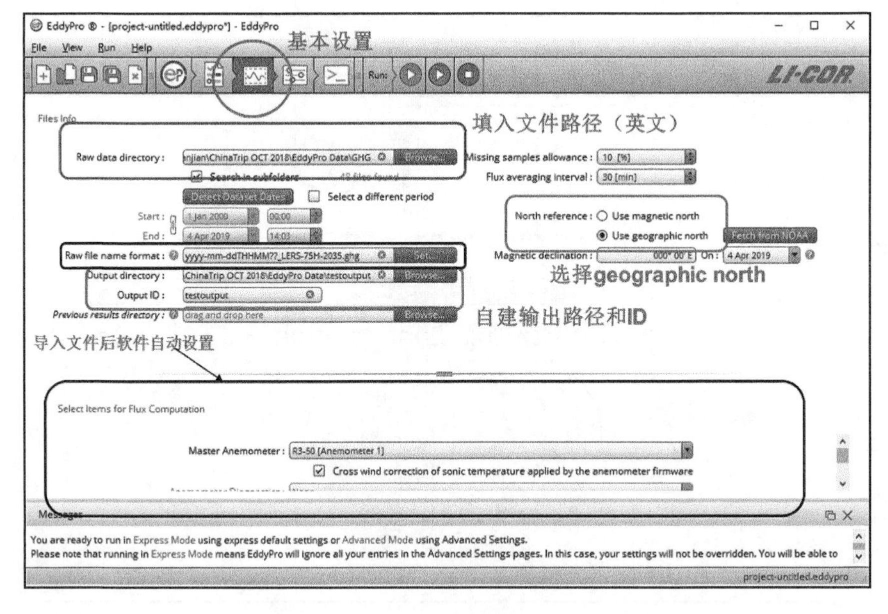

图 2.10　建立输入、输出路径及文件名

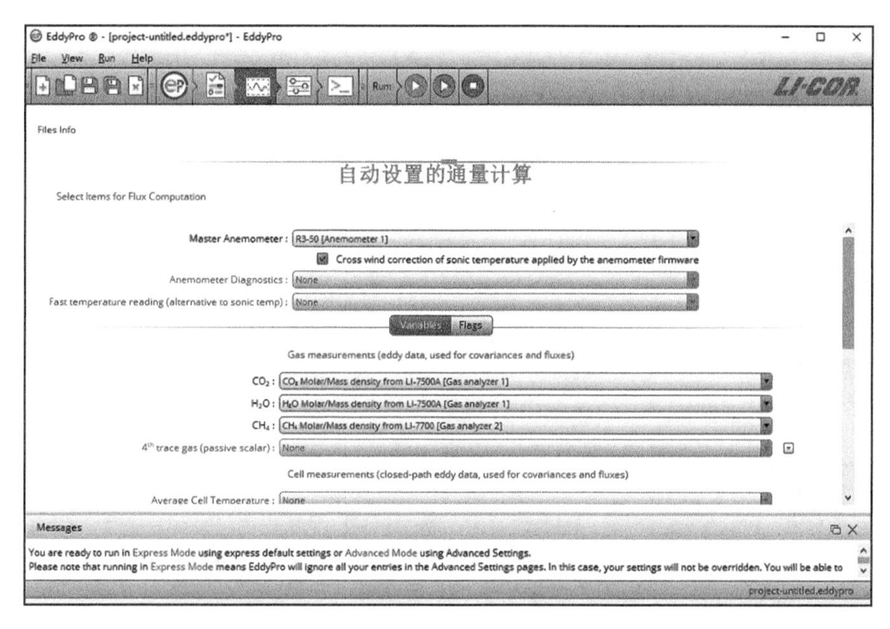

图 2.11　选择要订正、提取的物理量

第五步:资料订正的基本设置和野点剔除(图 2.12,图 2.13)。

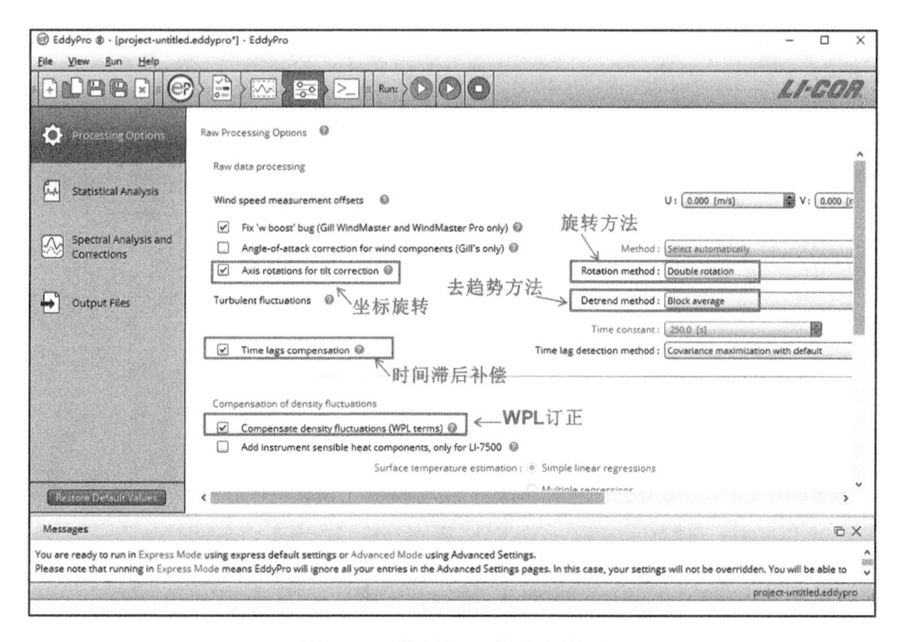

图 2.12　资料订正的基本设置

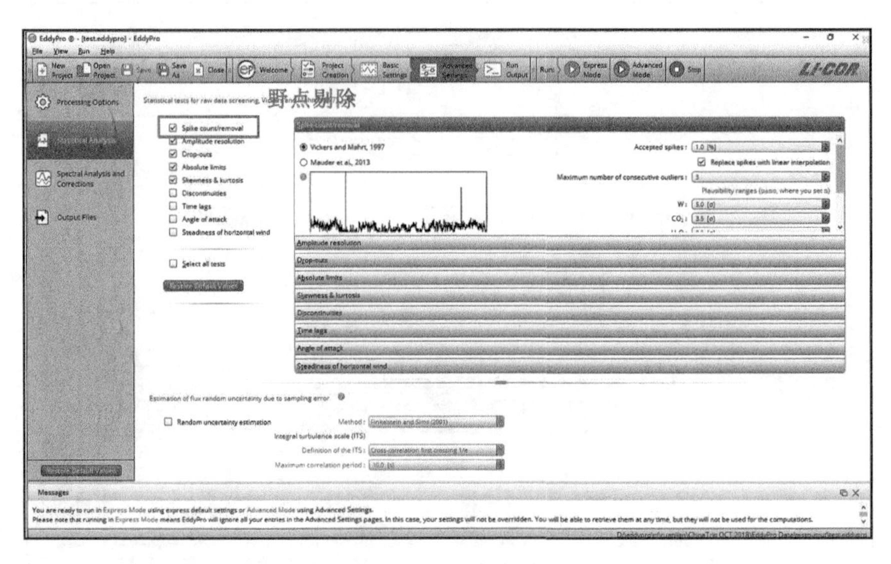

图 2.13 野点剔除

第六步:开始订正(图 2.14,图 2.15)。

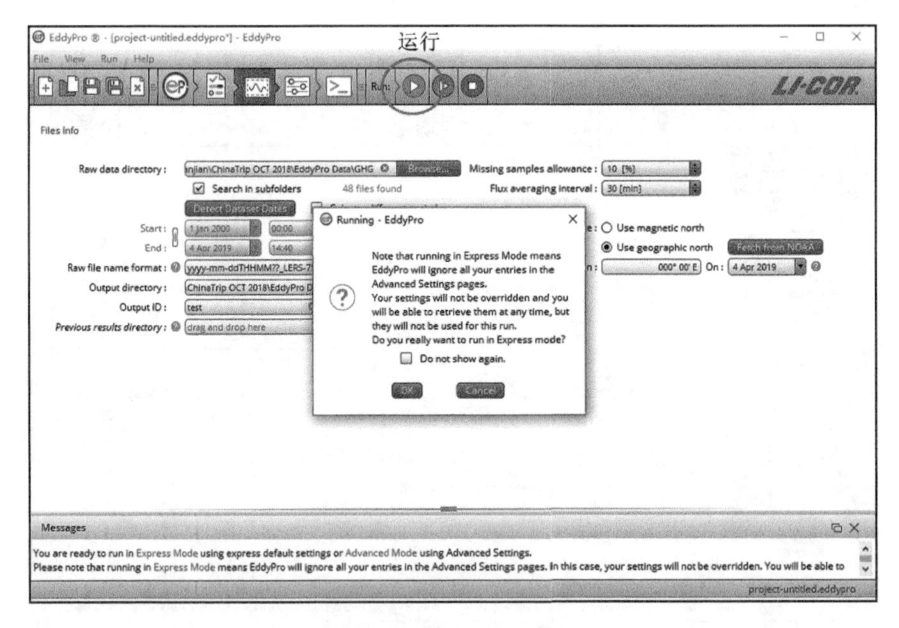

图 2.14 运行订正程序

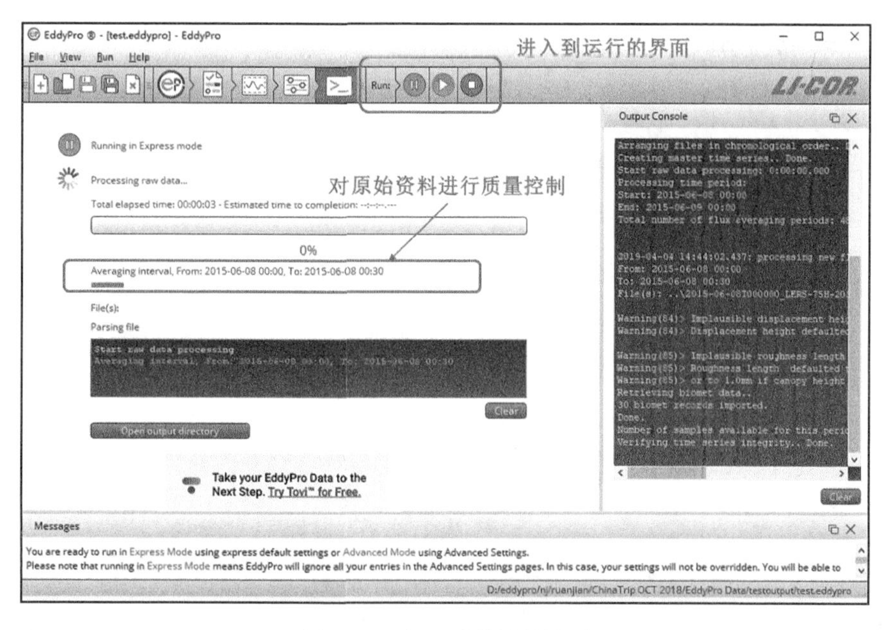

图 2.15　订正时的运行界面

第七步：订正后在输出目录下生成的目标文件(图 2.16)。

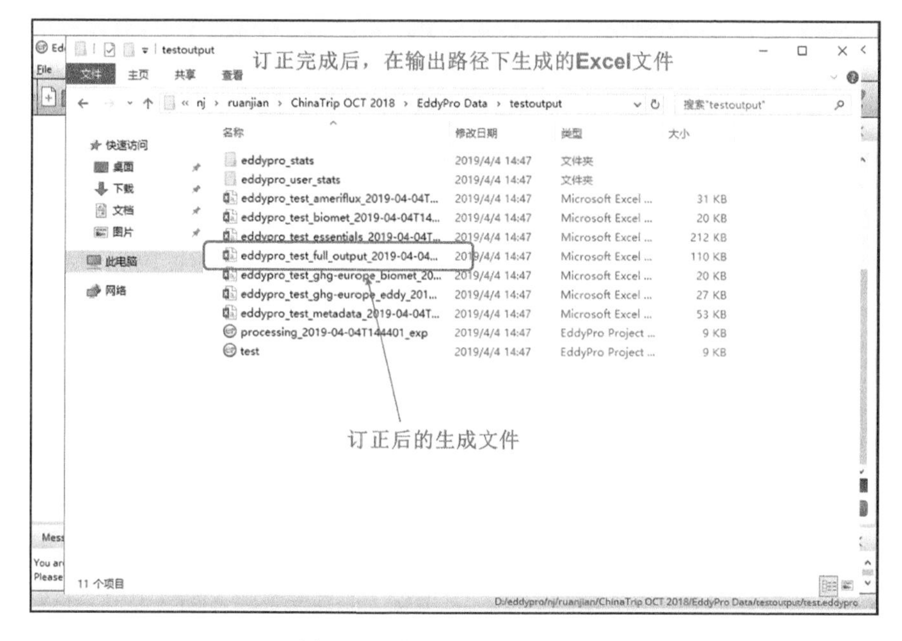

图 2.16　订正后生成目标文件

2.7 实习作业

(1)利用 EddyPro 软件对原始的湍流观测资料进行质量控制。

(2)利用订正后的资料,求出每隔半小时一次的平均量($\overline{u},\overline{v},\overline{w},\overline{T},\overline{q},\overline{C}$)。绘制脉动量($u',v',w',T',q',C'$)随时间变化图。

(3)求出每半小时一次的动量通量、感热通量和潜热通量,并讨论其日变化特征。

2.8 思考题

(1)涡动相关方法的适用条件是什么?

(2)在有降水、有雾的情况下,测量结果会受到哪些因素的影响?

参考文献

蔡旭晖,2008. 湍流微气象观测的印痕分析方法及其应用拓展[J]. 大气科学,32(1):123-132.

高志球,卞林根,陆龙骅,等,2004. 水稻不同生长期稻田能量收支、CO_2 通量模拟研究[J]. 应用气象学报,15(2):129-140.

刘式达,梁福明,刘式适,2008. 大气湍流 [M]. 北京:北京大学出版社.

Foken T, 2008. Micrometeorology[M]. Berlin Heidelberg: Springer.

Lee X, Massman W, Law B, 2004. Handbook of Micrometeorology[M]. Dordrecht: Springer.

Liu H, Peters G, Foken T, 2001. New equations for sonic temperature variance and buoyancy heat flux with an omnidirectional sonic anemometer [J]. Boundary Layer Meteorology, 100: 459-468.

Panofsky H A , Dutton A, 1984. Atmopsheric Turbulence[M]. New York: Wiley.

Webb E K, Pearman G I, Leuning R, 1980. Correction of flux measurements for density effects due to heat and water vapor transfer[J]. Quarterly Journal of the Royal Meteorological Society, 106: 85-100.

第 3 章　大气边界层气象要素的梯度塔观测

3.1　概述

边界层范围内的大气属性在垂直方向上有着明显的变化。为进一步分析讨论下垫面与自由大气间的相互影响关系，不同高度上温、压、湿、风及湍流的观测就显得非常重要。与其他观测平台相比，气象塔具有如下优点：(1)所测物理量时空同步，不同高度上的探测结果可同时获取，能较好代表所测空间位置处的大气特征。(2)全天候实时观测，观测过程基本不受天气条件的制约，能够得到海量资料。(3)资料可信度较高，相比卫星、雷达等遥感观测手段，气象塔上所得资料都是直接探测结果，不需要任何反演处理。(4)多用途，除常规气象要素的观测之外，塔上还可以增加测量污染气体、颗粒物、辐射等仪器，可将气象塔发展成一个多功能的观测平台。(5)仪器维护简便(洪钟祥，1981)。

但利用气象塔进行测量同时也会带来一些问题(申仲翰，王丹峰，1980；程雪玲等，2014)。如气象塔这种“欧拉观点”的研究方法在探索大气边界层运动规律时是否一定适宜？湍流测量结果是否满足泰勒假说？塔体结构对气流的阻挡问题等。了解和掌握这些问题对气象塔资料的使用十分必要。

随着大气边界层和空气污染研究工作的推进以及通量观测、风能观测的需求，从 20 世纪 50 年代开始，世界各地陆续建造了装有各种气象观测仪器的专用气象塔，塔高从几十米到几百米不等。此外，还有利用电视塔、电讯塔等高层建筑安装气象仪器进行观测。在我国北京、天津、深圳、长白山、当雄、宁波、锡林郭勒等地都建有气象塔，其中最著名的是北京大气物理研究所 325 m 气象塔(彭珍，2005)，如图 3.1 所示。该塔于 1979 年 8 月建成，铁塔采用拉线形式，塔身呈格构状，由 15 根钢缆固定，塔的截面形状为等边三角形，塔身上下均匀，边宽 2.7 m。垂直方向上共有 15 个观测层，高度分别位于 8 m、15 m、32 m、47 m、63 m、80 m、102 m、120 m、140 m、160 m、180 m、200 m、240 m、280 m 以及 320 m。目前，该塔已发展成为一个多功能的观测平台，除了传统的风速、风向、温度、湿度垂直梯度观测以外，塔上还安装了包括能见度、辐射、湍流、通量等多种气象要素以及 PM_{10}、$PM_{2.5}$、NO_x 和 O_3 等污染物的全自动探测仪器，可以对这些要素进行全天候的连续观测(安俊琳 等，2003)。

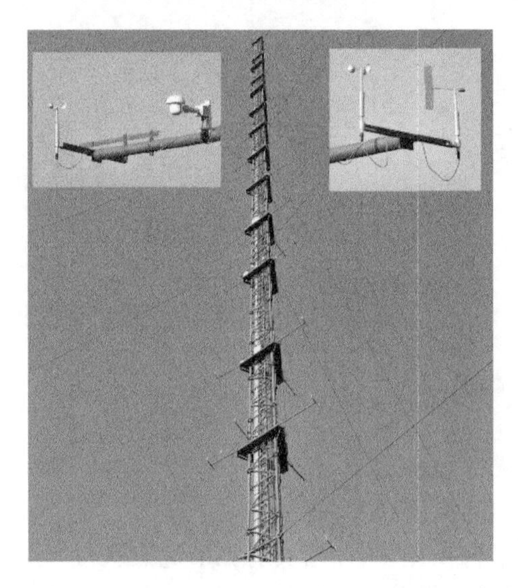

图 3.1 北京 325 m 气象塔及其装备的观测仪器

3.2 实习目的

近地层是大气边界层的底层，约为大气边界层厚度的 1/10，一般为 100～200 m。近地层中可以认为动量、热量、水汽及物质通量几乎不随高度变化，各通量近似为常值，但气象要素的垂直变化非常剧烈。因此，利用气象塔测量各个气象要素的垂直梯度分布在边界层研究中非常重要。

本章实习目的：

(1)熟悉气象塔观测仪器的工作原理；

(2)气象塔观测资料的处理；

(3)利用气象塔观测资料对近地层垂直结构进行分析。

3.3 仪器介绍

3.3.1 气象塔的选址及架设

气象塔选址时在满足科学目的的同时，也应考虑后勤保障和维护上的便利。气象塔安装地点应设在能较好地反映本地较大范围的气象要素特点的地方，避免局部地形的影响。气象塔四周需空旷平坦，避免建在陡坡、洼地或邻近有丛林、铁路、公路、烟囱、高大建筑物的地方，避开地方性雾、烟等大气污染严重的地方。气象塔四周障碍物的影子不能投射到辐射观测仪器的受光面上，在日出日落方向，障碍物的高度角不超过 5°，附近没有反射阳光强的物体。尽量减少气象塔阴影效应对观测仪器的影响。用于安装感应元件的铁塔、伸臂和支架可以影响气流，尤其是在气象塔的下风方向，由于受尾流结构的影响最为强烈，在计算温度、湿度梯度和通量时会引起较大误差。故此，可以考虑将感应元件安装于远离塔体处的迎风方向或安装于铁塔顶部（王超 等，2010）。

此外，气象塔架设过程中还有其他注意事项，如无论地面水平与否，气象塔架设时要保持塔身的铅直，横杆保持水平（解以扬，刘学军，2003）。气象塔应有防雷装置。为保持塔身的稳定性，固定塔身的纤绳应有多层，纤绳与塔的边缘应在同一垂直面上，并与地面成 60°夹角。支撑塔身和固定纤绳的底座要牢固。太阳能板应面朝正南，并与水平面成 60°夹角。数据采集箱架设在塔身的北面 1～1.5 m 高度处（图 3.2）。对于梯度观测超过 3 层的气象塔站，相邻 3 层的风、温、湿梯度传感器布设高度应尽可能满足关系：

$$z_2 = \sqrt{z_1 z_3} \tag{3.1}$$

因此，建议的边界层气象塔的观测高度分别为 0.5 m，1 m，2 m，4 m，8 m，16 m，32 m，…

所获取的气象塔观测资料也必须满足三性要求，即：

(1)代表性：在观测场地和塔的选址、观测仪器性能以及确定观测高度时必须充分考虑观测资料的空间代表性及时间代表性的要求。

(2)准确性：气象塔上观测仪器的性能和制订的观测方案要充分满足准确性要求。

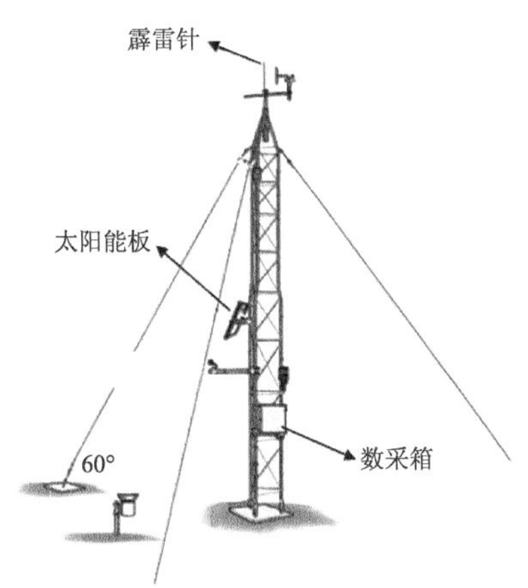

图 3.2　气象观测塔结构

(3)比较性：气象塔上任意时刻不同高度上的同一观测值要可进行比较；同一高度不同时刻的观测值也能进行比较。

3.3.2　气象塔上观测仪器的安装

(1)探测仪器的种类

气象塔上的感应元件通常分慢响应与快响应两类，它们分别用于廓线测量和通量测量，慢响应元件对被测要素的响应时间通常在 1～10 s，测量结果可以近似认为是取样时段内的平均值。快响应元件的响应时间通常在 10 Hz 至 1000 Hz，测量结果可以认为是瞬时值。

慢响应感应元件中通常用风杯风速计、风向标或螺旋桨式测风仪来测量风场；这两种仪器的优点在于仪器工作原理简单、牢固耐用、维护便捷，由于其响应时间较长能较好平滑风向、风速脉动引起的不确定性。气象塔上温度廓的测量要求相对较高，测量精度和分辨率的需求分别为 0.05 ℃和 0.01 ℃。故此，测量元件不仅要求具有良好的稳定性，同时还需具备灵敏度高，分辨率和线性度好的优点。测量元件常使用铂金属温度计、热电偶、热敏电阻等。在边界层测量中，空气湿度的测量是个难点，尤其是在高湿条件下测量元件的精度、准确性都会有不同程度的下降。随着高分子湿敏电容、碳膜湿敏电阻的出现，空气湿度的测量结果虽然有所提高，但仍然需要定期标定检查。

快响应感应元件中通常用超声风速计测量风速脉动值，有关超声风速计的相关内容参见第 2 章。有时也会使用热线风速仪，该仪器具有体积小(毫米量级)、频率响应快(千赫兹量级)的优势，因此在高频测量中有不可取代的优势。但该仪器也有一定缺陷，如测量过程中容易损坏，热线上容易粘附灰尘等导致测量结果有较大误差。超声温度计是气象塔上测量温度脉动的主流仪器，温度的测量结果容易受湿度和水平风分量的灵敏度影响。湿度脉动的测量仪器主要包括赖曼-α 湿度仪，H_2O/CO_2 分析仪。赖曼-α 湿度仪，利用水汽对紫外辐射的吸收率来计算空气湿度大小。值得注意的是，赖曼-α 源容易老化，需要定期标定。

(2)塔的影响和感应元件的安装

作为安装实验仪器的工作平台，气象塔本身会对风场的测量有一定影响，使附近局部流场发生变化，导致所测数据相对于实际风场值失真。不同结构的气象塔，其挡风效果不同，20 世纪 40 年代开始，国内外许多学者对封闭式和框架式高塔作过研究，结果表明正方形的框架式塔对风场的影响率在 25%～50%；正三角形的气象塔的影响率在 35%左右，阴影区内风速减小量随观测角度服从高斯分布，而且塔架引起的风速相对误差不随来流风速变化。气象塔对气流的影响区通常可以分为两个区：一是贴近塔身，距离小于塔身直径，该区的气流十分复杂难以用理论作描述；二区为距离大于塔身直径，该区可用位势流作假设。美国能源研究和发展管理局建议对于结构数集中在 0.2 和

0.3 之间的气象塔，观测仪器的最小观测距离，应分别大于 3.75 倍和 7 倍的截面特征尺度。如只需一层观测(即 10 m)时，风速仪应装在塔顶以避免塔盲区的直接影响。针对实际的观测塔，伸臂长度可通过风洞模拟实验或数值模拟方法来计算。如北京 325 m 气象塔的伸臂长度取 4 m 为宜，并采用双伸臂(彼此相隔 180°)安装方式，沿北京常年盛行风向，即西北和东南方向各设置 1 台风速风向仪，则可在 360°方位内使风速测量精度控制在±5%之内，风向测量精度高于±5°。此外，如果在气象塔上安装敞开式仪器，还需要考虑防辐射、防尘等要求。

3.4　资料处理方法介绍

3.4.1　数据质量控制

由于仪器的系统误差、故障及传输记录过程中的一些问题，收集到的气象塔资料总会出现一些虚假数据，需要进行查找和订正，因此数据质量的控制显得尤为重要。数据质量控制过程中包括以下几个步骤：逻辑极值检验、僵值检验、时间一致性检验、相似一致性检验、决策算法、质量控制码的标注和人工干预检验等。资料控制流程如图 3.3 所示。

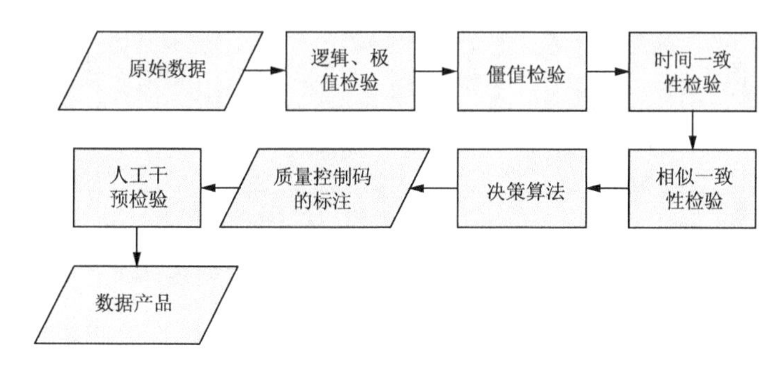

图 3.3　数据质量控制流程

(1)逻辑、极值检验。这项检查中包括逻辑检验和极值检验。在资料质量控制的时候，建议最大限度地保护原始资料，因此只对明显有错误的数据进行剔除和订正处理。首先，对采集到的数据进行“合法性”检验，如风向的数值大于 360°，风速数值为负，数据不满足时空变化的连续性，数据遗失等。其次是极值检验。极值的给定是根据当地历史上曾出现过的最大值和最小值，这跟当地的纬度、海拔高度、气候特点有很大关系。本书推荐采用国家气象信息中心使用的质量控制方案，极值参数为各个站各要素的平均值加减 4 倍的标准差。图 3.4 给出了某地地表温度的时间演变分布。图中出现了三个典型的误差数据，该值可通过逻辑、极值检验剔除。

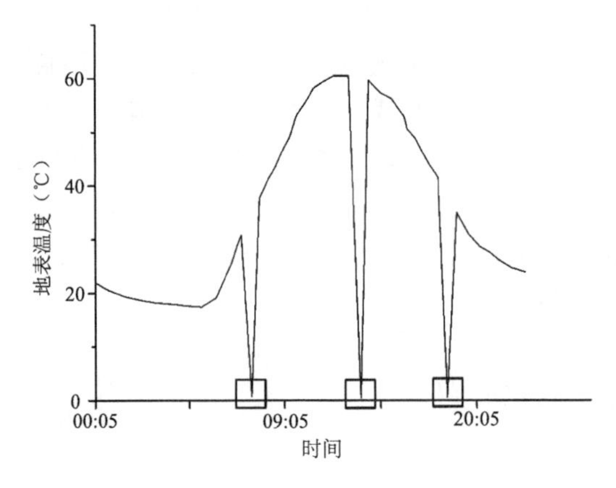

图 3.4　典型误差数据

(2)僵值检验。僵值是由于信号传送或仪器发生故障而导致在某一时段的测值一直不变的情况。气象塔观测资料中风速值较温度和湿度值更易出现僵值，这可能是由于风杯性能不够稳定、易受环境干扰而导致风速较多地出现僵值。僵值判断原则，考虑到气象塔所测资料的频率比较快，因此把连续出现某个测值的数目超过 10 个的数据段判定为僵值。如果找出的僵值与僵值以后第一个与之不同的数据之差大于某个阈值，则判定该区域内的值为僵值。表 3.1 是对北京 325 m 气象塔资料设定的僵值检查阈值。

表 3.1　僵值检查的阈值（彭珍，2005）

要素	阈值	要素	阈值
风向	2°	10 cm 地温	0.05 ℃
风速	0.5 m/s	20 cm 地温	0.001 ℃
气温	0.1 ℃	40 cm 地温	0.001 ℃
湿度	0.5%	80 cm 地温	0.001 ℃
地表温度	0.1 ℃	180 cm 地温	0.001 ℃
5 cm 地温	0.05 ℃		

(3)时间一致性检验。与僵值检验相反，时间一致性检验是从观测要素时间变化率的另一个角度检验观测的合理性。气象要素随时间的变化具有一定的规律，利用连续变化原理来检验观测信息或观测要素的时间变化率，识别出不理想的突然变化。当要素资料超出一定时间内的变化范围，则该资料视为可疑。它适用于高的时间分辨率，因为相邻样本的相关性随着时间分辨率增加而加强。检验判据与样本的时间分辨率有关。此处采用时变检验来实现时间一致性检验，时变检验主要是根据要素在某一时段内可能变化范围判断该要素值的质量，其中风向资料由于变化太

大，故此不对其做此检验。判断依据：对于数据 $x_{(i-2)}$、$x_{(i-1)}$、$x_{(i)}$、$x_{(i+1)}$、$x_{(i+2)}$ 和 $\overline{x}$，其中 $\overline{x}$ 为 $x_{(i-2)}$、$x_{(i-1)}$、$x_{(i+1)}$ 以及 $x_{(i+2)}$ 的加权平均，如果 $x_{(i)}-\overline{x}$ 的绝对值大于某个数值 Δa，那么可以判断 $x_{(i)}$ 不满足连续性，判定为“2”类数据，如果 $x_{(i)}-\overline{x}$ 的绝对值大于某个数值 Δb 而小于 Δa ($\Delta b<|x_{(i)}-\overline{x}|<\Delta a$)，那么可以判定 $x_{(i)}$ 为“1”类数据。其中 Δa 和 Δb 的取值带有一定的主观性，兼顾数据连续性和边界层大气湍流的性质，Δa 取值为：$\Delta U_a=4.0$(m/s)，$\Delta T_a=5.0$(℃)，$\Delta f_a=2.0$(%)；Δb 取值为：$\Delta U_b=2.0$(m/s)，$\Delta T_b=2.0$(℃)，$\Delta f_b=1.0$(%)。

(4)相似一致性检验。气象塔的观测中，同一要素往往有几层不同高度的观测值，于是可以在相邻不同层次要素间进行比较，当这两个观测值之差大于给定的判据，则认为数据可疑。相似性检验方法可应用到温度、湿度和风速等要素。如一个 4 层气象塔观测资料，可分为 2 组，即 1 m、2 m 为一组，8 m、18 m 高度为一组，分别求其差的绝对值 A，然后规定阈值，在 $<D$ 范围内标记为 0(可信)，在 D 与 $2D$ 之间的标记为 1(怀疑)，$>2D$ 的标记为 2(错误)；如果一组中有一个数据没有通过前面的检验，则标记为 8(无法判断)。图 3.5 为气象塔上 1 m、2 m、8 m、18 m 四个高度观测到的相对湿度的时间演变值。图中 18 m 的观测数据明显不符合一致性原则。

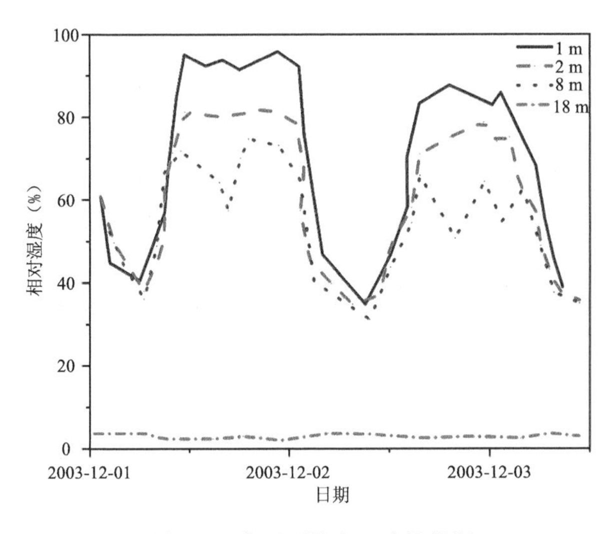

图 3.5　典型不符合一致性数据

(5)决策算法。又称质量控制码综合判断，它是根据前面 4 个步骤，逻辑极值检验、僵值检验、时间一致性检验、相似一致性检验的质量控制结果，采用“气象资料质量控制综合判别法”进行一次质量控制码的综合性质量判断。如果该资料没有通过逻辑极值检验或僵值检验，标记为 2(错误)，如果没有通过时间一致性检验或相似一致性检验，质量码由表 3.2 给出。

表 3.2 决策算法的质量码

时间一致性	相似一致性	综合质量码	时间一致性	相似一致性	综合质量码
0	1		8	1	
1	0	0	1	8	
0	0		1	1	
0	2		2	1	2
2	0		1	2	
0	8	1	8	2	
8	0		2	8	
8	8	8	9	9	9

注:0-正确,1-怀疑,2-错误,8-无法判断,9-缺测。

(6)质量控制码的标注。质量控制标识主要是为资料的使用者提供有关资料的质量信息。不仅提供资料是否可用，或可信度有多高的信息，同时也提供资料在此之前的质量控制中所采用的方法、技术及资料质量控制过程,以便正确使用该观测资料。检验结果以质量控制码的方式表示，质量码直接写入每个数据记录之后，一个要素值对应一个质量控制码。根据质量控制码生成新的数据集，标记出那些质量有问题的资料，同时也提供被标记的那些资料。

(7)人工干预检验。完全自动化的质量控制不可能解决所有的数据质量问题，对于一些特殊情况或问题的判断还要辅助以人工检验。有时因中小尺度现象或局地气候,某一观测要素产生较大突变，自动质量控制过程有可能把正确的观测资料误判为可疑或错误;对似是而非的资料，自动观测质量控制也无法做出决策,这些都需要借助人工干预才能做出最后的判断。同时人工干预检验过程中，需要由了解仪器性能、具有经验的人员来完成。例如,有时由于空气过于干燥，会使湿度计的脉冲电流造成记录为负,对于该问题,可认定湿度为 0,而不是仪器出错。

3.4.2 数据处理

经过数据质量控制之后,出于研究对象和研究目标的差异,需要对观测资料进行分类处理,求取平均值、方差、高阶距等。其中,平均值最为关键也最常使用,这里将着重介绍。

气象塔资料的时间平均通常有 1 min、2 min、10 min、30 min、1 h 乃至更长时间尺度的平均。对一般的标量:如温度和湿度,其计算过程相对简单,可直接利用算术平均法直接求取。而对风向风速,前人分别有两种平均方法:矢量平均法和最高频率风向法。

(1)矢量平均法,是利用风向和风速资料,先将风速分解在 u、v 两个方向上,再对两个方向的分速度求平均。然后求出平均后的合速度作为这段时间的平均风速,合速度的方向为平均风速的方向，计算公式如下：

$$\begin{cases} u = \overline{V}\sin(\alpha) \\ v = \overline{V}\cos(\alpha) \\ \bar{u} = \dfrac{1}{n}\sum\limits_{i=1}^{n} u_i \\ \bar{v} = \dfrac{1}{n}\sum\limits_{i=1}^{n} v_i \\ |\overline{V}| = \sqrt{\bar{u}^2 + \bar{v}^2} \\ \bar{\alpha} = \arctan(\bar{u},\bar{v}) \end{cases} \tag{3.2}$$

该方法不涉及风向的“过零问题”，比较简单。系统风较强，风速较大的时候极为适用，并且平均所得的合速度和脉动速度代表了真正意义上的平均风速和脉动风速。但当风速较小，并且没有系统风控制的时候，风速有很大的阵性，风向分布紊乱，因此平均所得的合速度很小，而脉动风速相对较大，即平均后风速基本以脉动风速的形式存在，因此从风速大小的角度考虑，此时合速度已经不能衡量平均风速大小了，并且由于风向分布紊乱，所得的风向也不能代表平均时段的主导风向。

(2)最高频率风向法，是一种比较常用的平均方法，将风向从0～360°划分为16个方位，如表3.3所示。

表3.3　风向符号与度数对照表

方位	符号	中心角度(°)	角度范围(°)
北	N	0	348.76～11.25
北东北	NNE	22.5	11.26～33.75
东北	NE	45	33.76～56.25
东东北	ENE	67.5	56.26～78.75
东	E	90	78.76～101.25
东东南	ESE	112.5	101.26～123.75
东南	SE	135	123.76～146.25
南东南	SSE	157.5	146.26～168.75
南	S	180	168.76～191.25
南西南	SSW	202.5	191.26～213.75
西南	SW	225	213.76～236.25
西西南	WSW	247.5	236.26～258.75
西	W	270	258.76～281.25
西西北	WNW	295.5	281.26～303.75
西北	NW	315	303.76～326.25
北西北	NNW	337.5	326.26～348.75
静风	C	风速小于或等于0.2 m/s	

然后取出现频率最多的风向为最终风向。风向的这种平均方式，能有效避免风向平均时遇到的“过零问题”。该平均方法所得的平均风速为风速大小的平均，不存在脉动风速，当只考虑风速大小的平均时，可优先考虑这种平均方法。对于风向，虽然有效解决了“过零问题”，并且得到的风向也在一定程度上反映了所取时段的主导风向，但是由于划分的风向具有一定的主观性质，当在两个区间的频率相差不大的时候，所得到的平均风向是根据最大频率求得的，因此所得到的风向误差是比较大的。当时间尺度比较长的时候，这种方法得到的平均风向显然没有意义。如前半小时吹东南风，后半小时吹西北风这样的极端情况是可能存在的，但平均只能得到一个结果：要么东南，要么西北，这显然是不能代表该时段的平均风向。由平均公式(3.1)、(3.2)还可明显看到，由于标量平均得到的平均风速含有脉动项，而矢量平均中不同方向的风速的矢量叠加会抵消、平滑部分脉动风速，最后导致平均风速值减小，因此由标量平均得到的风速总会大于矢量平均所得到的风速，如图 3.6 所示。

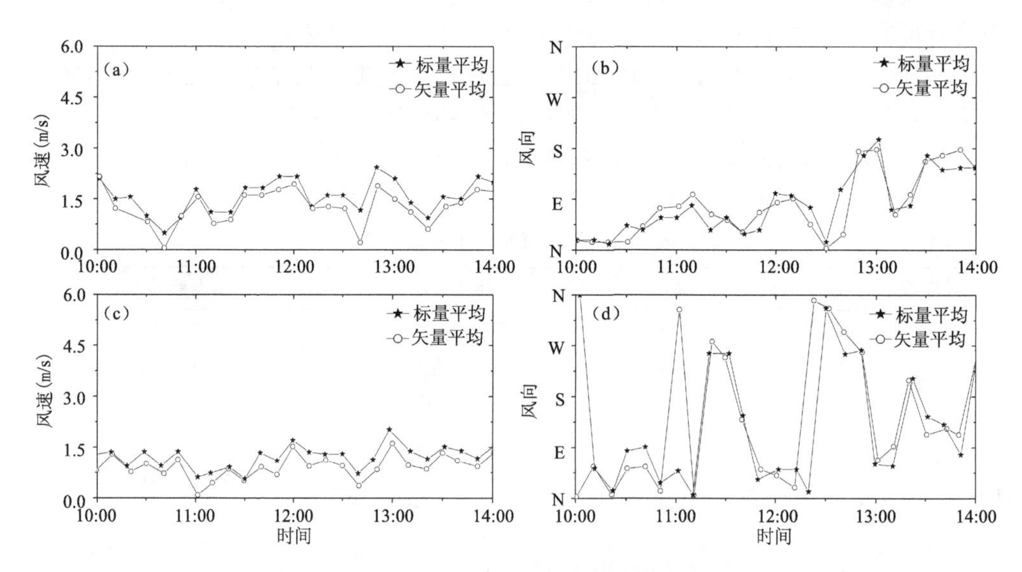

图 3.6　2002 年 8 月 10 日 10:00—14:00 北京 325 m 气象塔上 320 m 高度处风速(a)，风向(b)和 8 m 高度处风速(c)、风向(d)风速随时间的变化

3.5　实习内容

(1)熟悉装备在气象塔上各种传感器的工作原理。

(2)数据格式的识别。

(3)数据处理。

3.6　实习范例

(1)熟悉 Matlab 软件的安装与使用

Matlab 软件是美国 MathWorks 公司出品的商业数学软件，主要用于算法开发、数据可视化、数据分析以及数值计算的高级计算语言和交互式环境。使用 Matlab 软件可以比其他编程语言(如 C、Fortran)更快地解决计算问题。Matlab 的应用范围非常广，包括信号和图像处理、通讯、控制系统设计、测试和测量、财务建模和分析以及计算生物学等众多应用领域。附加的工具箱(单独提供的专用 Matlab 函数集)扩展了 Matlab 环境，以解决这些应用领域内特定类型的问题。Matlab 提供了很多用于记录和分享工作成果的功能，可将 Matlab 代码与其他语言和应用程序集成，来共同运行。软件下载，安装过程，使用及相关问题请参见官方主页 www.mathworks.com(图 3.7，图 3.8)。

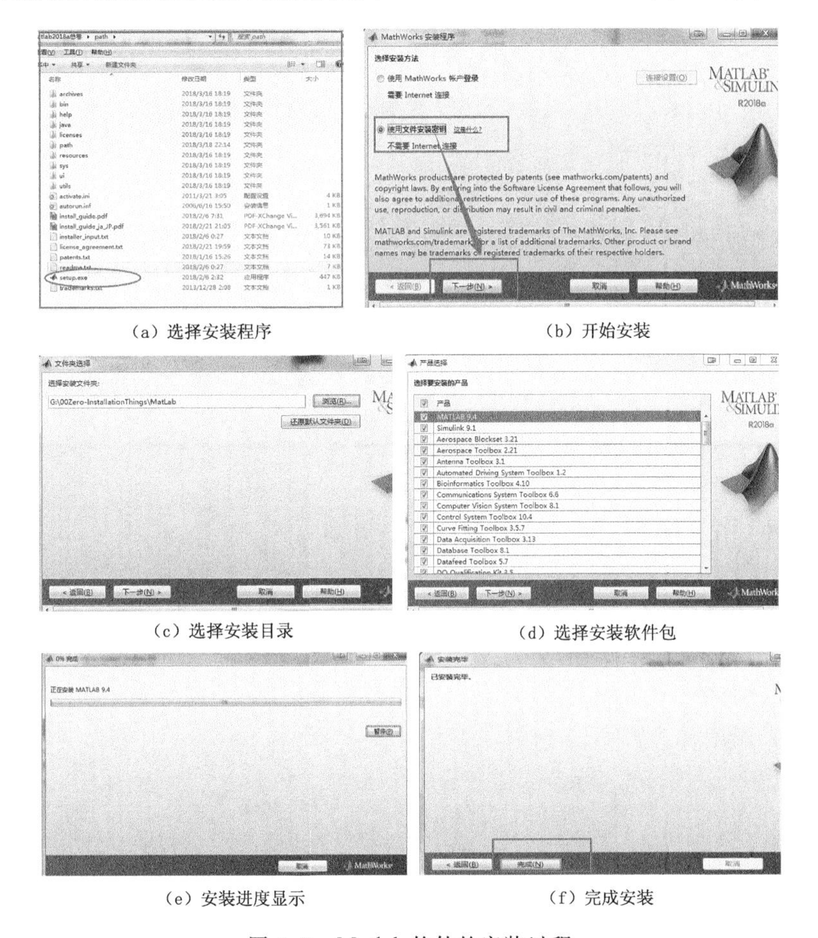

(a) 选择安装程序　(b) 开始安装

(c) 选择安装目录　(d) 选择安装软件包

(e) 安装进度显示　(f) 完成安装

图 3.7　Matlab 软件的安装过程

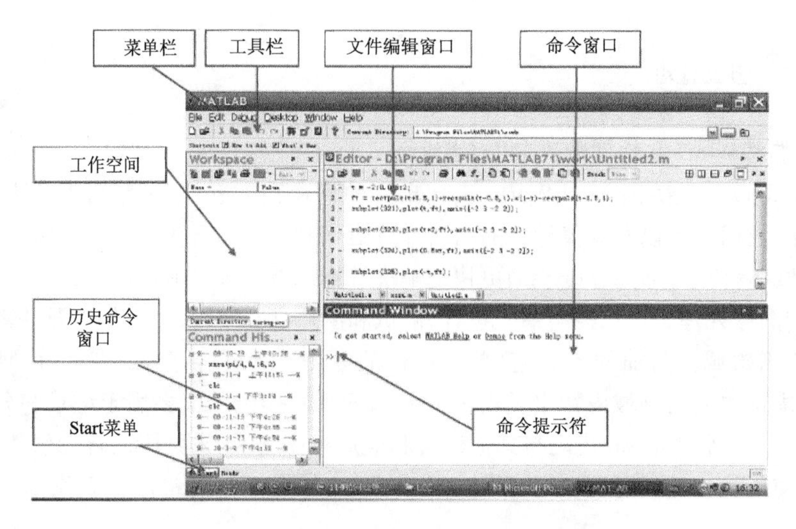

图 3.8　Matlab 软件启动后各功能区的分布

(2)利用 Matlab 软件对气象塔常规观测资料进行分析。

范例程序如下所示。

```
clear all
data=xlsread('铁塔观测资料 RAW_1M. xls');        %读取当前目录下 Excel 文件格式的数据。
data1=data(5:1444,1:29);                         %剔除前 4 行的说明信息，数据从第 5 行开始。
for j=2:4                                        %处理温度数据，取平均
    for i=1:24
        T(i,j-1)=mean(data1((i*60-59):i*60,j));
    end
end
plot(0:23,T,'-*')                                %绘制不同高度处的湿度值
set(gca,'Xtick',[0:3:24])
xlabel('时间(h)')
ylabel('温度(℃)')
legend('10m','20m','40m')

for j=5:7                                        %处理湿度数据，取平均
    for i=1:24
        RH(i,j-4)=mean(data1((i*60-59):i*60,j));
```

```
    end
end
plot(0:23,RH,'-*')                           %绘制不同高度处的温度值
set(gca,'Xtick',[0:3:24])
xlabel('时间(h)')
ylabel('相对湿度(%)')
legend('10m','20m','40m')
figure

for j=14:2:18                                %处理风速数据,取平均
    for i=1:24
        WS(i,j/2-6)=mean(data1((i*60-59):i*60,j));
    end
end
plot(0:23,WS,'-*')                           %绘制不同高度处的风速值
set(gca,'Xtick',[0:3:24])
xlabel('时间(h)')
ylabel('风速(m/s)')
legend('10m','20m','40m')
```

初始资料及计算结果如图 3.9,图 3.10 所示。

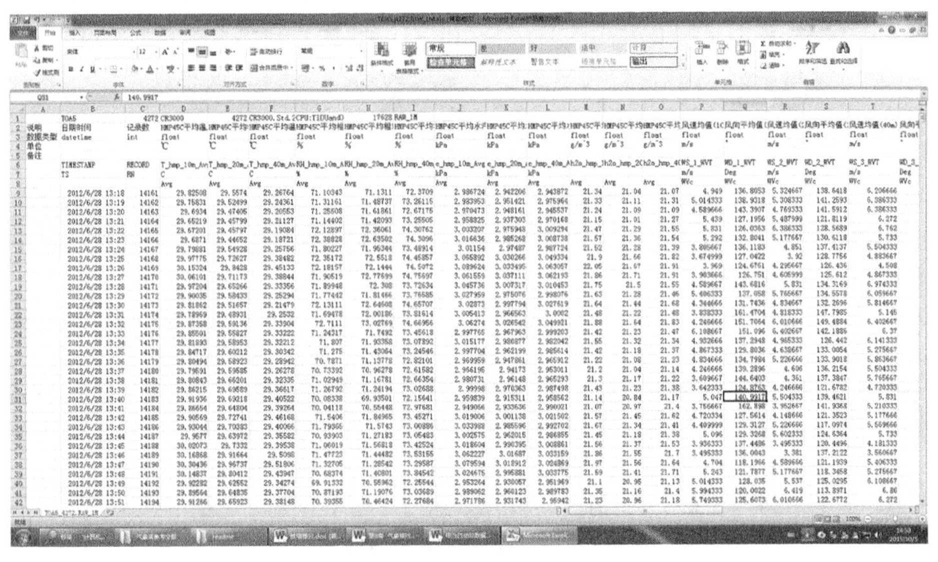

	A	B	C	D	E	F	G	H	I
1		TOA5	4272	CR3000	4272	CR3000.Std.2	CPU:T1DUandD	17628	RAW_1M
2	说明	日期时间	记录数	HMP45C平均温	HMP45C平均	HMP45C平均温	HMP45C平均相	HMP45C平均相	HMP45C平均
3	数据类型	datetime	int	float	float	float	float	float	float
4	单位			℃	℃	℃	%	%	%
5	备注								
6		TIMESTAMP	RECORD	T_hmp_10m_Av	T_hmp_20m_	T_hmp_40m_Av	RH_hmp_10m_A	RH_hmp_20m_A	RH_hmp_40m
7		TS	RN	C	C	C	%	%	%
8				Avg	Avg	Avg	Avg	Avg	Avg
9		2012/6/28 13:18	14161	29.82508	29.5574	29.26764	71.10343	71.1311	72.3709
10		2012/6/28 13:19	14162	29.75831	29.52499	29.24361	71.31161	71.48737	73.26115
11		2012/6/28 13:20	14163	29.6934	29.47405	29.20553	71.25608	71.61861	72.67175
12		2012/6/28 13:21	14164	29.65219	29.45799	29.21127	71.14402	71.42093	73.25505
13		2012/6/28 13:22	14165	29.67201	29.45797	29.19084	72.12897	72.36061	74.30762
14		2012/6/28 13:23	14166	29.6871	29.44652	29.18721	72.38828	72.63502	74.3096
15		2012/6/28 13:24	14167	29.79881	29.54928	29.25756	71.80227	71.95344	73.48914
16		2012/6/28 13:25	14168	29.97775	29.72627	29.38482	72.35172	72.5518	74.45857
17		2012/6/28 13:26	14169	30.15324	29.8428	29.45133	72.18157	72.1444	74.5072
18		2012/6/28 13:27	14170	30.06101	29.71173	29.38844	71.90519	72.77699	74.75697
19		2012/6/28 13:28	14171	29.97204	29.65266	29.33356	71.89948	72.308	73.72634
20		2012/6/28 13:29	14172	29.90035	29.58433	29.25294	71.77442	71.81466	73.76585
21		2012/6/28 13:30	14173	29.81862	29.51657	29.21479	72.13111	72.64608	74.65707
22		2012/6/28 13:31	14174	29.78969	29.48931	29.2532	71.69478	72.00186	73.81614
23		2012/6/28 13:32	14175	29.87358	29.59136	29.33904	72.7111	73.02769	74.66956
24		2012/6/28 13:33	14176	29.85501	29.55827	29.33222	71.24317	71.7492	73.45618
25		2012/6/28 13:34	14177	29.81893	29.58953	29.32212	71.807	71.93358	73.07892
26		2012/6/28 13:35	14178	29.84717	29.60212	29.30342	71.275	71.43064	73.24546
27		2012/6/28 13:36	14179	29.80494	29.58923	29.28942	70.7871	71.13778	72.82101
28		2012/6/28 13:37	14180	29.79591	29.59585	29.26278	70.73392	70.96278	72.61582
29		2012/6/28 13:38	14181	29.80843	29.66201	29.32335	71.02949	71.16781	72.66354
30		2012/6/28 13:39	14182	29.86215	29.69589	29.36617	71.26792	71.24194	73.02688
31		2012/6/28 13:40	14183	29.91936	29.69218	29.40522	70.08338	69.93501	72.15641
32		2012/6/28 13:41	14184	29.86654	29.64804	29.39264	70.04118	70.55448	72.97681
33		2012/6/28 13:42	14185	29.90569	29.72741	29.46168	71.5406	71.84965	73.45271
34		2012/6/28 13:43	14186	29.93044	29.70383	29.40066	71.79365	71.5743	73.00886
35		2012/6/28 13:44	14187	29.9677	29.63972	29.35582	70.93903	71.27183	73.05483
36		2012/6/28 13:45	14188	30.02073	29.7332	29.39538	71.06019	71.56818	73.42524
37		2012/6/28 13:46	14189	30.16868	29.91664	29.5098	71.47723	71.44482	73.53155
38		2012/6/28 13:47	14190	30.30436	29.96737	29.51806	71.32705	71.28542	73.29587
39		2012/6/28 13:48	14191	30.14837	29.80412	29.43947	70.68374	71.40801	73.84542
40		2012/6/28 13:49	14192	29.92282	29.62552	29.34274	69.91332	70.55962	72.25544
41		2012/6/28 13:50	14193	29.89564	29.64835	29.37704	70.87193	71.19076	73.03689
42		2012/6/28 13:51	14194	29.91266	29.65923	29.38148	70.39355	70.46424	72.27684

	J	K	L	M	N	O	P	Q	R	S	T	U
2	HMP45C平均水汽	HMP45C平均	HMP45C平均	HMP45C平	HMP45C平均	HMP45C平均	风速均值(1C	风向平均值(	风速均值(	风向平均值(	风速均值(40m)	风向平
3	float	float	float	float	float	float	float	float	float	float	float	float
4	kPa	kPa	kPa	g/m^3	g/m^3	g/m^3	m/s	°	m/s	°	m/s	°
6	e_hmp_10m_Avg	e_hmp_20m_	e_hmp_40m_A	h2o_hmp_1	h2o_hmp_2	h2o_hmp_4	WS_1_WVT	WD_1_WVT	WS_2_WVT	WD_2_WVT	WS_3_WVT	WD_3_
7	kPa	kPa	kPa				m/s	Deg	m/s	Deg	m/s	Deg
8	Avg	Avg	Avg	Avg	Avg	Avg	WVc	WVc	WVc	WVc	WVc	WVc
9	2.986724	2.942206	2.943872	21.34	21.04	21.07	4.949	136.8053	5.324667	138.6418	6.206666	
10	2.983953	2.951421	2.975964	21.33	21.11	21.31	5.014333	138.9318	5.308333	141.2593	6.386333	
11	2.970473	2.948161	2.945537	21.24	21.09	21.09	4.589666	143.3907	4.769333	141.5912	6.386333	
12	2.958825	2.937303	2.970168	21.15	21.01	21.27	5.439	127.1956	5.487999	121.8119	6.272	
13	3.003207	2.975948	3.009294	21.47	21.29	21.55	5.831	126.0363	6.386333	128.5689	6.762	
14	3.016636	2.985268	3.008738	21.57	21.36	21.54	5.292	132.8041	5.177667	130.6118	5.733	
15	3.01154	2.97487	2.987724	21.52	21.28	21.39	3.805667	136.1183	4.851	137.4137	5.504333	
16	3.065892	3.030266	3.049334	21.9	21.66	21.82	3.674999	127.0422	3.92	128.7756	4.883667	
17	3.089624	3.033495	3.063057	22.05	21.67	21.91	3.969	124.6761	4.295667	126.436	4.508	
18	3.061559	3.037111	3.062193	21.86	21.71	21.91	3.983666	126.751	4.605999	125.612	4.867333	
19	3.045736	3.007317	3.010453	21.75	21.5	21.55	4.589667	143.6816	5.831	134.3169	6.974333	
20	3.027959	2.975076	2.998076	21.63	21.28	21.46	5.406333	137.058	5.765667	134.5578	6.059667	
21	3.02873	2.997794	3.027619	21.64	21.44	21.68	4.344666	131.7436	4.834667	132.2696	5.814667	
22	3.005413	2.966563	3.0002	21.48	21.22	21.48	3.838333	161.4704	4.818333	147.7985	5.145	
23	3.06274	3.026542	3.049921	21.88	21.64	21.83	4.246666	151.7064	6.010666	149.4884	6.402667	
24	2.997765	2.967963	2.999203	21.42	21.23	21.47	6.108667	151.096	6.402667	142.1886	6.37	
25	3.015177	2.980877	2.982042	21.55	21.32	21.34	4.932666	137.2948	4.965333	126.442	6.141333	
26	2.997704	2.962199	2.985614	21.42	21.18	21.37	4.867333	129.8036	4.638667	133.0054	5.275667	
27	2.969959	2.947861	2.965912	21.22	21.08	21.23	4.834666	134.7984	5.226666	133.9018	5.863667	
28	2.966196	2.94173	2.953011	21.2	21.04	21.14	4.246666	139.2896	4.606	136.2154	5.504333	
29	2.980731	2.96148	2.965293	21.3	21.17	21.22	3.609667	144.6403	4.361	137.3847	5.765667	
30	2.99998	2.970363	2.987498	21.43	21.23	21.38	3.642333	124.8763	4.246666	121.6782	4.720333	
31	2.959839	2.915311	2.958562	21.14	20.84	21.17	5.047	140.9917	5.504333	139.4621	5.831	
32	2.949056	2.933636	2.990021	21.07	20.97	21.4	3.756667	162.898	3.952667	141.9368	5.210333	
33	3.019006	3.001138	3.021502	21.57	21.45	21.62	4.720334	127.5614	4.148666	121.3523	5.177666	
34	3.033988	2.985596	2.992702	21.67	21.34	21.41	4.409999	129.3127	5.226666	117.0974	5.569666	
35	3.002575	2.962015	2.986855	21.45	21.18	21.38	5.096	129.3268	5.602333	124.6364	5.733	
36	3.018604	2.990395	3.008861	21.56	21.37	21.53	3.936333	137.4486	3.495333	120.4496	4.181333	
37	3.062227	3.01687	3.033159	21.86	21.55	21.7	3.495333	136.0043	3.381	137.2122	3.560667	
38	3.079594	3.018912	3.024869	21.97	21.56	21.64	4.704	118.1966	4.589666	121.1939	5.406333	
39	3.024675	2.996881	3.033775	21.69	21.41	21.71	5.243	121.7877	5.177667	118.3458	5.275667	
40	2.953264	2.930057	2.951969	21.1	20.95	21.13	5.014333	128.035	5.537	125.0295	6.108667	
41	2.989062	2.960123	2.989783	21.35	21.16	21.4	5.994333	120.0022	6.419	113.8971	6.86	
42	2.971786	2.931743	2.95942	21.23	20.96	21.18	5.749333	125.6073	6.010666	122.6772	6.272	

图 3.9　气象塔观测数据资料格式

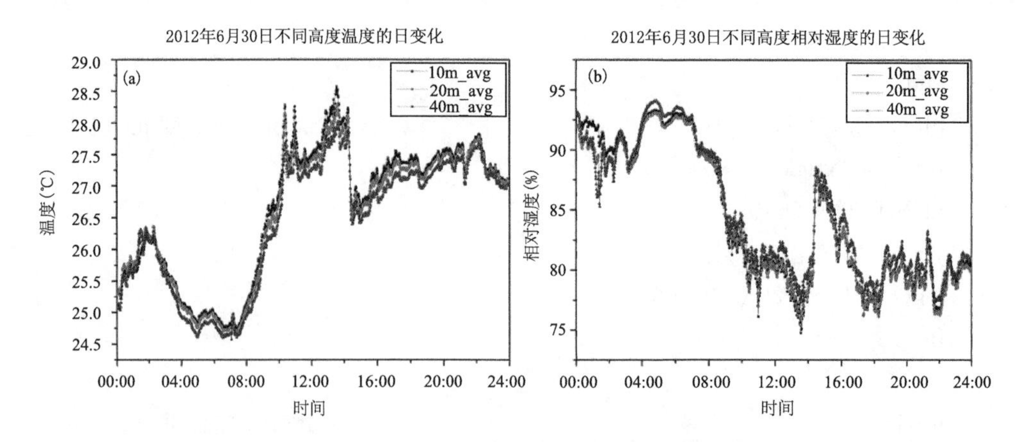

图 3.10　气象塔温度、相对湿度观测数据画图结果(附彩图)

3.7　实习作业

(1)利用气象塔观测资料,分析边界层温度、湿度、风及湍流的垂直结构特征。

(2)分析讨论不同高度处温度场、湿度场的日变化差异。

(3)分析讨论风场的垂直结构特征,Ekman 螺线。

3.8　思考题

(1)气象塔观测资料在分析边界层结构时有哪些优点?哪些缺点?

(2)气象塔在建成后是否会摇摆?气象塔的摇摆对观测资料会产生什么样的影响?

参考文献

安俊琳,李昕,王跃思,等,2003. 北京气象塔夏季大气 O_3,NO_x 和 CO 浓度变化的观测实验[J]. 环境科学, 24(6):43-47.

程雪玲, 胡非, 曾庆存,等, 2014. 北京 325 m 气象塔塔体对测风影响的数值模拟[J]. 气象科技, 42(4):545-549.

洪钟祥,1981. 北京 325 m 气象塔的测量系统[M]. 北京: 科学出版社.

彭珍,2005. 北京 325 m 气象塔观测资料的统计分析[D]. 北京:中国科学院研究生院(大气物理研究所).

申仲翰,王丹峰,1980. 北京气象塔的振动分析及减振[J]. 力学与实践, 2(3):52-53.

王超,韦志刚,李振朝,2010. 敦煌戈壁气象塔站资料的质量控制[J]. 干旱气象, 28(2):121-127.

解以扬,刘学军,2003. 天津气象塔风温梯度观测资料的统计特征[J]. 气象, 29(1):12-16.

第 4 章　大气边界层气象要素的探空观测

4.1　概述

大气边界层通常由黏性子层、粗糙子层、近地层(常通量层)、埃克曼(Ekman)层(上部摩擦层)组成,垂直结构如图 4.1 所示。

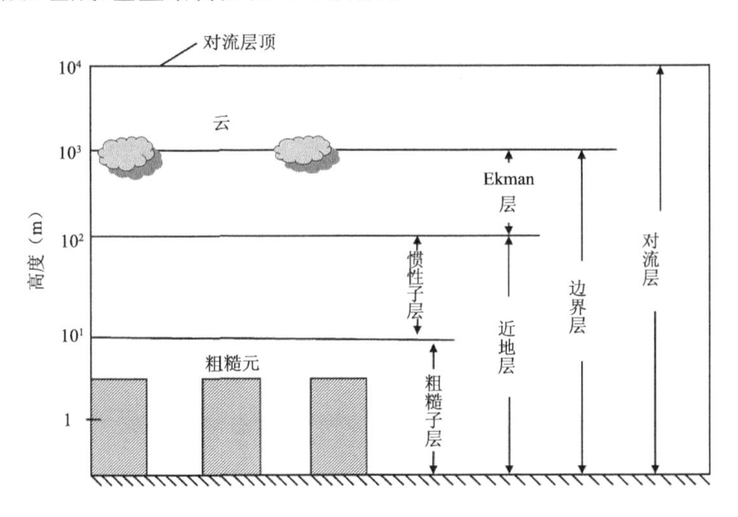

图 4.1　大气边界层垂直结构示意图,黏性子层略

黏性子层:紧贴地面的薄层,厚度一般只有毫米量级,这一层内由于分子黏性力远大于湍流切应力,故物质、能量、动量的输送只能通过分子运动完成,该量值通常很小,多数条件下可忽略该层作用。

粗糙子层:位于近地层的底部,从地面延伸到粗糙元顶,厚度在 $10^0 \sim 10^1$ m。边界层内的粗糙元通常包括建筑物、植被等。由于受粗糙元的影响,粗糙子层内的大气运动显得极不规则。

惯性子层:位于粗糙子层顶到 10^2 m,这一层大气运动呈现明显的湍流特征,湍流输送占主导作用。由于湍流强烈混合的结果,该层中各物理属性的铅直输送通量近似为常值,故又称为常通量层。该层内大气受地表动力和热力影响强烈,气象要素随高度变化激烈,运动尺度小,科氏力可忽略,气压梯度力可忽略。通常情况下,我们将粗糙子层和惯性子层都归为近地层。

埃克曼层(上部摩擦层):从近地层以上到 10^3 m。湍流黏性力、科氏力和气压梯度力同等重要,需要考虑风随高度的切变。以上四层总称为大气边界层(ABL)或行星边界层(PBL)。

自由大气:大气边界层之上,大气受下垫面的影响可以忽略不计,气压梯度力和科氏力达到平衡。

由于受下垫面,天气系统及人类生产、生活的直接影响,大气边界层垂直结构有着较复杂的时空变化特征,如边界层高度具有的日变化特征,边界层低空急流的间歇性特征,逆温层发展也有一定的规律性,而且这些变化都会直接反馈到大气环流变化中。因此边界层中气象和环境要素的变化及其垂直廓线特征一直是大气物理、大气化学以及大气环境工作者关心的重要问题(韩彦霞 等, 2017)。

20 世纪 80 年代以前,在莫宁-皇布霍夫相似理论及大量观测事实支撑下,人们对近地层大气物理特征有了较为深入的认识,而且建立了一套完整的理论体系。但是边界层上部由于垂直范围跨度较大,受控因子较多,它的运动规律变得难以捉摸。现阶段有关全边界层的许多研究还不成熟,还不能像近地层那样可以有一个较准确的廓线公式描述其运动规律。尽管目前国内外在这方面开展了大量研究,但突破性成果并不多,而观测资料的稀缺是整个研究过程中的瓶颈。无线电探空系统和系留气艇则是探测全边界层气象要素最主要的两种手段,本章将重点介绍这两种仪器的工作原理、操作流程、资料分析等(李伟 等,2012;孙学金 等, 2009.)。

4.2 实习目的

利用探空系统、系留探空技术对边界层垂直结构进行深入了解。

本章实习目的:

(1)熟悉无线电探空系统、系留气艇工作原理;

(2)边界层温、湿、风探测资料的处理;

(3)边界层垂直结构的分析。

4.3 仪器介绍

4.3.1 系留气艇介绍

系留气艇是探测边界层结构的一种重要手段(王庚辰 等, 2004;王昊哲 等, 2013)。

系留气艇探测系统主要包括绞车、气艇、探空仪、接收机和地面信号处理系统等，如图 4.2 所示。该系统具有结构合理、使用方便、性能可靠等特点，通常用于大气边界层探测、环境监测以及地面遥感、摄像摄影等领域。

（a）接收机　（b）绞车

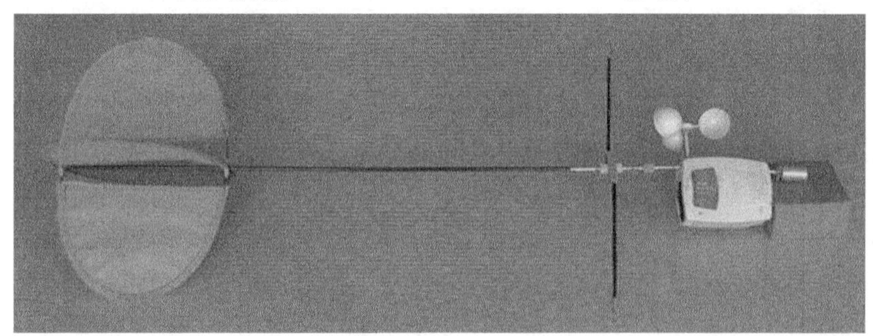

（c）探空仪

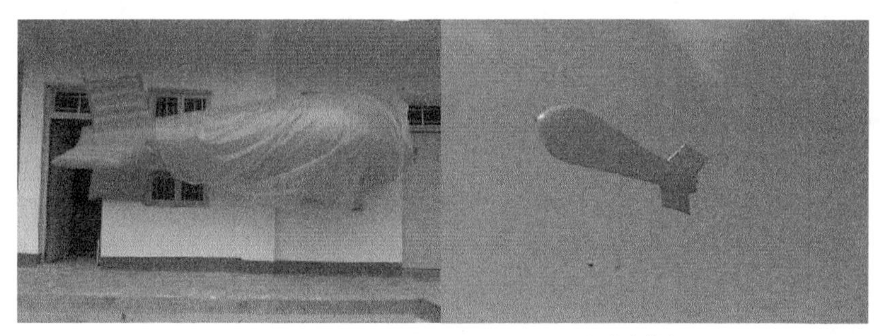

（d）气艇　（e）空中状态

图 4.2　系留气艇探测系统组成部分

（1）探空仪

探空仪是系留气艇探测系统中最核心的部分，包括传感器，数据处理器和信号发射器。其主要功能为气象和环境要素的探测，并将探测结果按特定格式通过无线模块发送回地面。

根据业务和科研观测需要，系留气艇上搭载的传感器一般分为二类：①气象要素传感器，其探测要素为气压、气温、湿度、风向和风速；②大气污染物浓度传感器，主要测量 O_3，SO_2，NO_x，PM_{10}、$PM_{2.5}$以及气溶胶浓度谱等。传感器获取信号后，通过相应的数字测量电路按设定程序进入数据处理单元。数据处理单元是探空仪的核心，它由单片机和测量电路组成，主要负责完成数据的采集、处理。信号发射器将数字信息转变成射频信号并发送至地面信号接收系统。信号发射器一般采用抗干扰性强的 GFSK 的调制解调方式，以保证数据传输的稳定和可靠，载频为 403 MHz 频带(400.15～406 MHz)，为气象辅助探测专用频带。

(2)气艇

气艇是探测系统的升空主体，实现对边界层不同高度气象和环境要素的探测。探测过程中，气艇需满足：①在限定的气象条件下，气艇保持稳定的运动状态；②满足多种负荷和不同探测高度的需求；保持较低的渗气率。

为保持气艇始终处于低阻力的稳定运动状态，系留气艇的头部一般设计成流线型，而其尾部呈鱼尾状。这主要是从作用在气艇上的空气动力学举力和阻力来考虑：良好的流线型结构会使气艇头部风的阻力面积大大减小；鱼尾型的翼部结构是保持气艇稳定性的关键。为了使气艇具有足够的净举力并同时保持其稳定性，应尽量使气艇的纵向(即长轴方向)尺寸短些。

(3)绞车

绞车是系留气艇探空系统的动力输出装置，控制系留气艇的升空与下降，它由电机、绞盘、拉线以及电机调速控制器等主要部件组成。常用的 XLS 型系留气艇探测系统配备的绞车电机功率为 600 W，拉线长度为 2000 m，绞车的运行速度可在 0～10 m/s 任意调节。

在系留探空系统中一般采用迪尼玛(Dyneema)聚乙烯纤维制成的绳子。这种绳子具有高强度、低密度持久耐用的特性。绳子直径一般为 2 mm，最小破断负荷达 4.4 kN。其每米重量仅为 2.3 g 左右，即系留气艇探空系统的拉线总重量不到 3.5 kg，大大提升了系留气艇探空系统的净举力，保证了系统的上升高度。

(4)地面信号处理系统

地面信号处理系统包括无线数据接收机和数据处理系统。

无线数据接收机通过天线接收探空仪发射的射频信号，射频信号解调成数字信号后通过 RS232 数据通讯协议，传送给数据处理系统。数据处理系统按对接收到的数据进行解码、计算并按要求存储为格式文件。数据处理系统除了将探测信号转换成相应物理量外，还同时将这些物理量以数字和廓线图的形式进行实时屏幕显示。

4.3.2 无线电探空仪介绍

无线电探空系统简称探空仪，是随着探空气球上升，用感应元件直接测量大气压力、温度和相对湿度层结曲线的遥测系统。无线电探空系统主要由探空仪、地面设备两大部分组成，组成框架如图 4.3 所示。无线电探空仪通常由感应元件、转换电路、编码装置、无线电发射机和电源组成；地面设备由接收装置、解码装置、处理装置和输出装置等组成(梁建平 等，2014)。

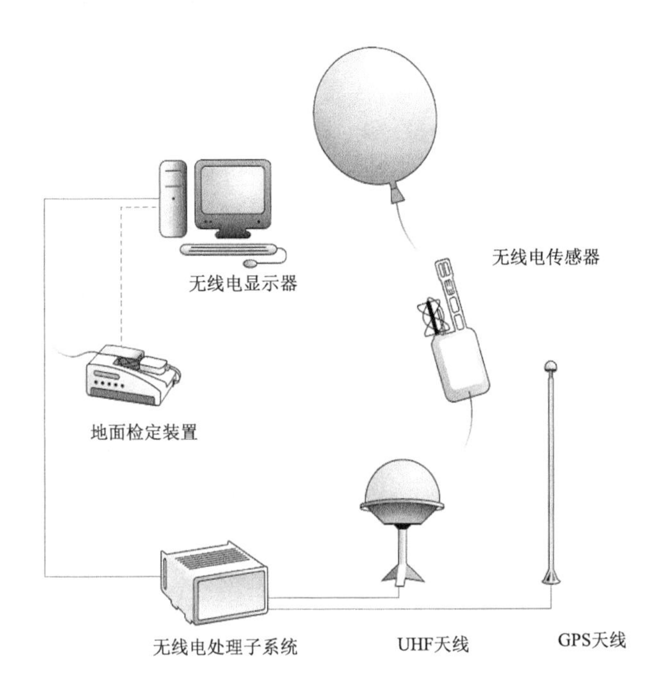

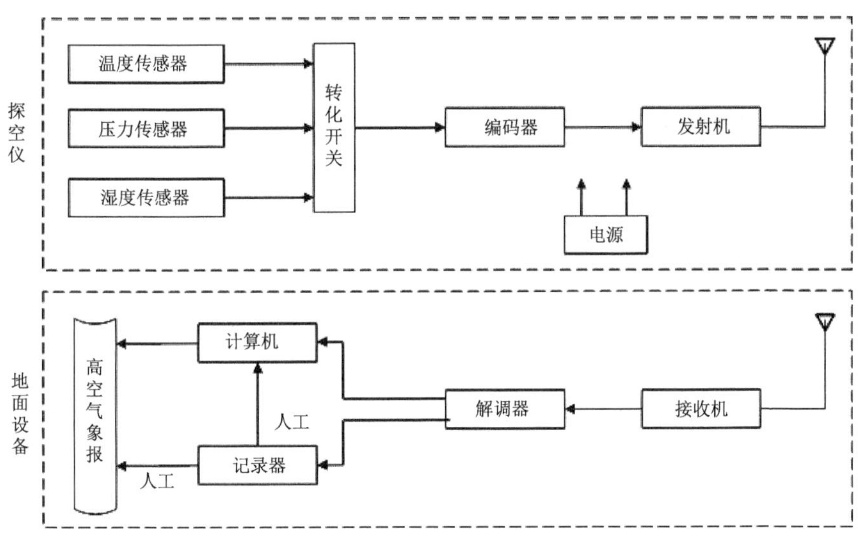

图 4.3　无线电探空系统组成结构

目前，我国现有探空站 123 个，主要装备以下三种探测系统：①L 波段雷达—GTS1 型电子探空仪系统。该系统由 GTS1 型电子探空仪和 L 波段二次测风雷达相配合探测，能够实现自动跟踪和资料的自动处理。②701 雷达—400M 电子探空仪系统。本系统由 701 二次测风雷达与 400 M 电子探空仪相配合进行探测。③GPS 探空系统。采用了新型 GPS 定位技术来测定高空风向、风速值。

近几年随着探空系统的逐步升级，传感器和数据处理器的采样频率可达到的秒级，大大提高了探测数据的时间分辨率和空间分辨率。为获取高垂直分辨率廓线探空信息提供了很好的平台。同时也为探空资料在边界层研究中的应用提供了可能。图 4.4 为 2015 年 1 月 19 日 08 时长三角地区 6 个探空站（安庆、阜阳、徐州、射阳、杭州、上海）资料给出的温度、气压、相对湿度、虚位温、风向、风速的垂直廓线分布。由于篇幅有限，本章将着重讨论系留气艇的使用和资料处理，有关探空资料格式见附录 C。

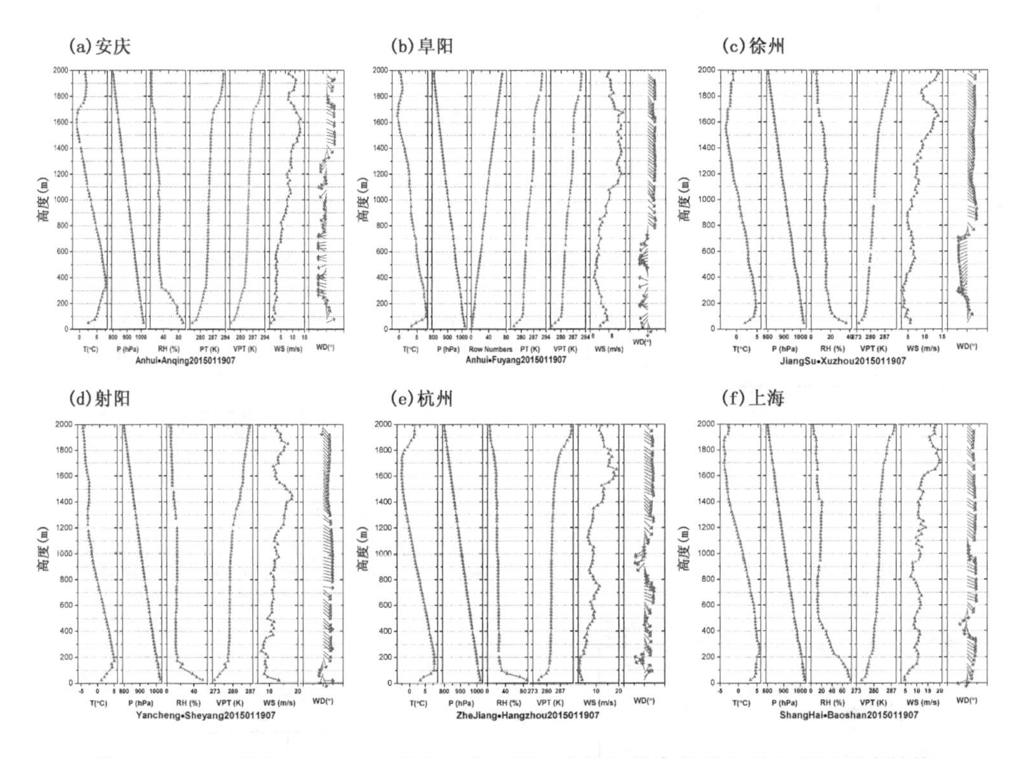

图 4.4　2015 年 1 月 19 日 08 时长三角地区 6 个探空站资料给出的边界层垂直结构

(a)安庆；(b)阜阳；(c)徐州；(d)射阳；(e)杭州；(f)上海

4.4 实习内容

(1)气艇充气

系留气艇的填充气体最好使用氦气,以保证安全。在气候比较潮湿的野外或在可以保证安全的情况下也可充入氢气。充气量以气艇尾部凸出离尾翼后沿 20～30 cm为宜。

第一次使用气艇时,在充完气后,应将 4 根系留绳下端拴接在一起,调节各绳长短应使气艇保持水平。此外,当地面风较大时不可对气艇充气。充好的气球可以悬挂在地锚上备用。悬挂高度应保证小风时气艇不接触地面。

(2)绞车固定

气艇的释放最好选择在地面平坦硬实的开阔地。释放点选好,将绞车从包装箱内取出后,抬到释放点,打开盖板,将拉杆全部拉出,并紧固。风大时须将绞车用重物或地锚固定在地面上。在确认电源开关在关机位置后,接上电源线,取出控制盒,手控按钮放在抬起(停机)位置,将转速控制电位器逆时针拧到转速最小位置。电源开关拨到上升或下降位置,拉紧系留绳,缓慢旋转控制电位器,试验绞车是否收放正常。

将气艇搭扣与绞车搭扣连接,释放气艇 3～5 m 高,将探空仪拴挂在系留绳上。拴挂方法:先将系留绳塞进传感器竖杆中部的线槽,再上下分别绕进竖杆两端的螺旋状杆子端部。

(3)气艇的释放和回收

气艇的释放和回收是整个探测过程中最为重要环节。为了使感应探头更加准确地探测环境气象要素,气艇升速通常控制在 3～5 m/s。注意开始或停止收放时,要缓慢旋转控制电位器,使电机平滑启动或停止,可防止系留绳张力突然改变,影响强度。

升到预定高度后,控制气艇缓慢停止,注意不可将绳子全部放尽。待气艇稳定后,才能回收气艇。等到气艇离地面较近时,要随时注意控制气艇缓慢停止,严防探空仪竖杆进入绳孔,应保持气艇离地 3～5 m,取下探空仪,断开探空仪电源。遇到紧急情况需要立即停止电机转动时,可以迅速抬起手控按钮停机。取下气艇,悬挂在地锚上。

当风速大于 8 m/s 时停止释放气艇,应将气艇放入仓库,以保护气艇。

4.5　资料处理方法介绍

4.5.1　探空数据处理

系留气艇得到的数据，如图 4.5 所示，主要包含时间、高度、温度、气压、湿度、风速、风向、电压等物理量。探测数据通常为 1 s 间隔(或 2 s)一组的数据。原始资料的使用过程中，通常会遇到很多问题，如数据的订正，数据的不连续，野点的存在等问题。故此应对原始数据进行一系列的资料预处理，资料的处理方法可参见第 3 章气象塔资料处理。

时间	高度	温度	气压	湿度	风速	风向	电压
01:57:17		5.0	1023.3	68.9	0.4	83.5	5.28
01:57:19	16.2	5.0	1023.4	68.8	0.3	83.5	5.28
01:57:21	16.9	5.0	1023.3	68.8	0.2	60.0	5.28
01:57:23	16.7	5.0	1023.4	68.8	0.2	41.5	5.28
01:57:25	16.5	5.0	1023.4	68.8	0.5	26.0	5.28
01:57:27	16.5	5.0	1023.4	68.7	0.7	26.0	5.28
01:57:29	16.5	5.0	1023.4	68.7	0.6	24.0	5.28
01:57:31	16.4	5.0	1023.4	68.6	0.5	24.5	5.28
01:57:33	16.2	5.0	1023.4	68.6	0.5	26.5	5.28
01:57:35	16.8	5.0	1023.3	68.5	0.4	26.5	5.28
01:57:37	16.1	5.0	1023.4	68.5	0.3	24.0	5.28
01:57:39	16.4	5.0	1023.4	68.4	0.3	25.0	5.28
01:57:41	16.4	5.0	1023.4	68.4	0.0	27.5	5.28
01:57:43	16.3	5.0	1023.4	68.4	0.2	25.5	5.28
01:57:45	16.9	5.0	1023.3	68.4	0.2	22.0	5.28
01:57:47	16.7	5.0	1023.4	68.4	0.2	22.5	5.28
01:57:49	16.7	5.0	1023.4	68.4	0.2	23.0	5.28
01:57:51	16.4	5.0	1023.4	68.4	0.3	22.0	5.28
01:57:53	15.4	5.0	1023.5	68.4	0.3	30.0	5.28
01:57:55	16.0	5.0	1023.4	68.4	0.6	25.5	5.28
01:57:57	15.9	5.0	1023.5	68.3	0.8	25.0	5.28
01:57:59	16.5	5.0	1023.4	68.3	1.0	25.5	5.28
01:58:01	16.2	5.1	1023.4	68.3	0.8	26.5	5.28
01:58:03	16.1	5.1	1023.4	68.2	0.6	26.5	5.28
01:58:05	16.7	5.1	1023.4	68.2	0.5	22.5	5.28
01:58:07	16.4	5.0	1023.4	68.2	0.3	20.5	5.28
01:58:09	16.9	5.1	1023.3	68.1	0.5	20.0	5.28
01:58:11	16.1	5.1	1023.4	68.1	0.5	18.0	5.28
01:58:13	15.8	5.1	1023.5	68.1	0.4	20.5	5.28
01:58:15	16.4	5.1	1023.4	68.1	0.4	37.0	5.28
01:58:17	17.0	5.1	1023.3	68.1	0.3	65.5	5.28
01:58:19	16.5	5.1	1023.4	68.1	0.2	89.5	5.28

图 4.5　系留探空系统得到的数据

系留气艇探测系统数据经处理后，可得温度、湿度、气压、风向、风速、位温、虚位温等，其中位温是边界层结构特征、大气污染等领域研究重要参数，通过这些参数可以判断层结稳定度、边界层高度等重要参量。

(1)位温，即把干空气块绝热膨胀或压缩到标准气压(1000 hPa)时的温度。它是具有保守性的物理量，即一个气块的位温不随气块所处的高度或压强的改变而改变。相比较而言，温度则是非保守性的物理量，会随着气块的位置或压强的改变而变化。与温度相比，位温是一种稳定的示踪物，方便我们追溯气块或气流的源地及演变过程。

未饱和湿空气的位温用 θ 表示，定义式是：

$$\theta = T\left(\frac{P_{00}}{P}\right)^{k} = T\left(\frac{P_{00}}{P}\right)^{\frac{R}{C_p}} \tag{4.1}$$

上式中 P_{00} 是标准气压，常取 1000 hPa。干洁大气的位温定义式是：

$$\theta_d = T\left(\frac{P_{00}}{P}\right)^{k_d} \tag{4.2}$$

由于 $k \approx k_d = 0.286$，所以 $(\theta_d - \theta)$ 一般小于 0.1 K，与日常观测中气温的误差值相当，在允许范围内，所以未饱和湿空气位温值常用干空气位温值代替，即未饱和湿空气位温可写为：

$$\theta = T\left(\frac{1000}{P}\right)^{k_d} = T\left(\frac{1000}{P}\right)^{\frac{k_d}{C_{pd}}} = T\left(\frac{1000}{P}\right)^{0.286} \tag{4.3}$$

空气块受热位温上升，空气块放热时位温降低，干绝热过程位温保持不变即具有保守性，因此称位温是具有保守性的物理量。位温的保守性便于研究气块或气流的来源及演变，在大气动力和热力学研究领域得到广泛的应用。

在对流层内，一般大气的垂直减温率小于干绝热减温率，所以位温随高度增加而增加。

(2)比湿，即单位体积湿空气内水汽质量与湿空气总质量之比，当空气饱和时，便是饱和比湿。若湿空气与外界无质量交换，且无相变，则比湿保持不变。以 g/g 或 g/kg 为单位，通常大气中比湿都小于 40 g/kg。

比湿用 q 表示，定义式是：

$$q = \frac{m_v}{m_v + m_d} = \frac{m_v}{m} = \frac{\rho_v}{\rho} = \frac{622\mathrm{e}}{P - 0.378\mathrm{e}}(\mathrm{g/kg}) = \frac{0.622\mathrm{e}}{P - 0.378\mathrm{e}}(\mathrm{kg/kg})$$

$$q = \frac{m_v}{m_v + m_d} = \frac{m_v}{m} = \frac{\rho_v}{\rho} = \frac{622\mathrm{e}}{P - 0.378\mathrm{e}}(\mathrm{g/kg}) = \frac{0.622\mathrm{e}}{P - 0.378\mathrm{e}}(\mathrm{g/g}) \tag{4.4}$$

其中：m_v，m_d 分别为水汽和湿空气质量；ρ_v，ρ 分别为水汽和湿空气密度；P 为气压值(hPa)。

比湿参量是一个重要的湿度参量，在诊断分析中经常要用到，有时也要用它来计算其他的温湿参量。

4.5.2　边界层结构的分析

订正后的资料通常可以对边界层的垂直结构、日变化特征进行分析。位温随高度的变化是大气边界层高度的定量判据之一，利用系留气艇观测得到位温廓线，进一步求出位温梯度，以判断边界层高度。大气边界层高度变化有明显的日变化，如图 4.6 所示。

由图 4.6 可见，02 时、05 时存在明显的稳定边界层，高度约为 200 m。08 时，随着地表温度的升高，稳定边界层消失，对流边界层开始发展。11 时，近地层出现不稳

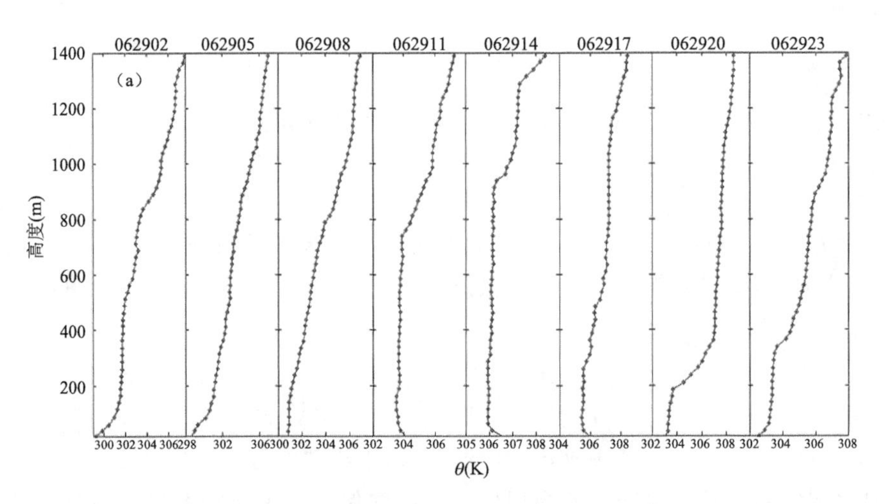

图 4.6　2012 年 6 月 29 日 广东茂名位温垂直结构的日变化

定层结，边界层高度 740 m。随着太阳辐射变强，层结更为不稳定，湍流运动增强，边界层高度在 14 时达到最大值，为 937 m。此后边界层高度开始下降。

此外，利用系留气艇还可以携带颗粒物测量仪器，分析研究气溶胶粒子及污染气体的垂直结构分布，及其与气象要素和大气稳定度的关系。图 4.7 给出了 2015 年 1 月 24 日 17 时稳定边界层刚刚生成时的边界层结构，其中稳定边界层的高度约为 100 m，残余层的范围为 100～400 m。与其相对应的污染物从图 4.7 中可以看出，在刚刚入夜时分，在稳定边界层还不是很强盛的时候，边界层内部的污染物浓度较为均一，而其上方的自由大气内，污染物相对就少了很多。此外，由温度廓线可见，逆温层主要出现在近地面及边界层顶部。

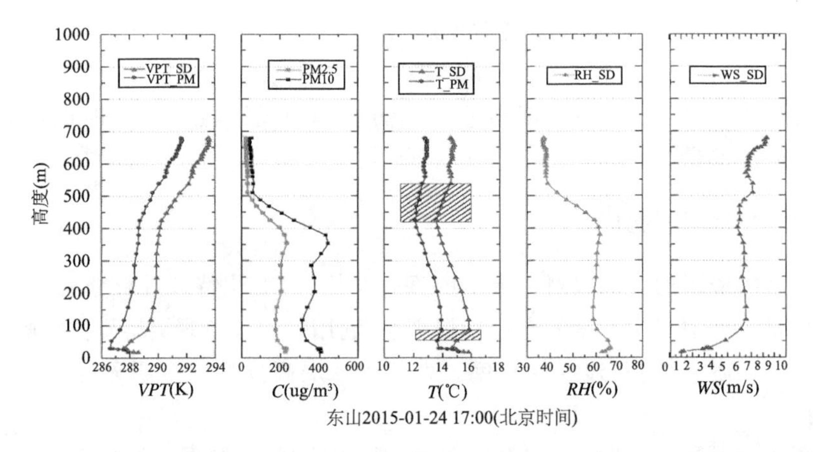

图 4.7　2015 年 1 月 24 日 17 时苏州东山边界层垂直结构及气溶胶粒子垂直分布(附彩图)

4.6　实习范例

(1)利用 Matlab 软件对 GPS 探空观测资料进行数据分析(图 4.8,图 4.9)。范例程序如下所示:

```
% %%%%%%%%%%%% %%%%%%%%%%%% %%%%%%%%%%%
% 系留气艇数据预处理程序
% 仅用于单个数据文件处理
% 数据文件名格式:站点+年(4位)+月(2位)+日(2位)+时(2位)。如:NUIST2016082811
% %%%%%%%%%%%% %%%%%%%%%%%% %%%%%%%%%%%
clc; clear; close all;
station='NUIST'; stationindex=3;                    %观测地点设置
year=2016; month=12; day=20; hour=14;               %观测时间设置
DisY=2000;                                          %图形显示最高高度设置
aver=30;              %高度平均所用滑动平均步长。注意:太大会导致高度产生明显偏移!
sid='';
[filename, pathname, filterindex] = uigetfile(...   %文件选择对话框设置
{  '*.log','ABS-files (*.log)';...
   '*.*',  'All Files (*.*)'},...
   'Pick a file');
if isequal(filename,0)
   disp('User selected Cancel')
else
   disp(['Selected File:', fullfile(pathname, filename)])
end

fid=fopen(fullfile(pathname, filename));            %文件打开,文件长度判别
    fid_n=fopen('datatemp.txt','w');
    while ~feof(fid)
        tline=fgetl(fid);
        if length(tline) > 40
            tline=tline(1:length(tline));
            if length(strfind(tline,','))==9
```

```
                    if ～isempty(tline)
                        if double(tline(1))==36
                            if isempty(sid)
                                sid=tline(2:7);
                            end
                            if tline(2:7)==sid;
                                fprintf(fid_n,'%s\n',tline);
                            end
                        end
                    end
                end
            end
        end
        fclose(fid_n);
    fclose(fid);                                         %文件读取完成后的关闭

    fid=fopen('datatemp.txt');
        var = textscan(fid, '%s %s %f %f %f %f %f %f %f %f','delimiter',',',
'HeaderLines',5);
    fclose(fid);
    GPS_Data=cell2mat(var([1],[5:10 3 4]));
    a=～sum(isnan(GPS_Data)')';
    GPS_Data=GPS_Data(a,:);

    alt_g =GPS_Data(:,1);          %高度资料获取
    wind_s =GPS_Data(:,2);         %风速资料获取
    wind_d =GPS_Data(:,3);         %风向资料获取
    air_temp=GPS_Data(:,4);        %温度资料获取
    air_humi=GPS_Data(:,5);        %湿度资料获取
    air_pres=GPS_Data(:,6);        %气压资料获取
    lati =GPS_Data(:,7);           %纬度资料获取
    long=GPS_Data(:,8);            %经度资料获取

    Es=6.1078 * 10.^(7.5 * air_temp./(air_temp+273.3));   %饱和水汽压的计算
    e=Es. * air_humi * 0.01;                               %相对湿度的计算
```

```
q=0.622*e./(air_pres-0.378*e);                         %比湿的计算
PT=(air_temp+273.15).*(1000./air_pres).^0.286;         %位温计算
VPT=(1+0.608*q).*PT;                                   %虚位温计算

sz=get(0,'screensize');                                %图形绘制
figure('outerposition',sz);
suptitle([sprintf('%04d-%02d-%02d %02dh %s',year,month,day, hour,
station{stationindex})]);
alt=alt_g;   pic=6;
subplot(1,pic,1);scatter((air_temp),alt);              %温度廓线绘制
ylim([0,DisY]);
xlabel('T(℃)');
xlim([floor(min(air_temp)/5)*5,ceil(max(air_temp)/5)*5]);
ylabel('Alt(m)');
subplot(1,pic,3);scatter(q*1000,alt);                  %比湿廓线绘制
ylim([0,DisY]);xlabel('Q(g/kg)');
xlim([floor(min(q*1000)),ceil(max(q*1000))]);
subplot(1,pic,2);
scatter(air_humi,alt);
ylim([0,DisY]); xlabel('R(%)');
xlim([floor(min(air_humi/10))*10,ceil(max(air_humi/10))*10]);
subplot(1,pic,4);scatter(VPT,alt);                     %位温廓线绘制
ylim([0,DisY]);xlabel('VPT(K)');
xlim([floor(min(VPT/5))*5,ceil(max(VPT/5))*5]);
subplot(1,pic,6);scatter(wd,alt);                      %风向廓线绘制
ylim([0,DisY]);xlabel('WD(dgr)');
xlim([0,360]);
set(gca,'xtick',[0 90 180 270 360]);
subplot(1,pic,5);                                      %风速廓线绘制
scatter(ws,alt);
ylim([0,DisY]);
xlabel('WS(m/s)');
xlim([0,20]);
hold on
subplot(1,pic,5);plot(smooth(ws,10),alt,'r','LineWidth',2);
```

```
ylim([0,DisY]);xlabel('WS(m/s)');xlim([0,20]);
hold off
```

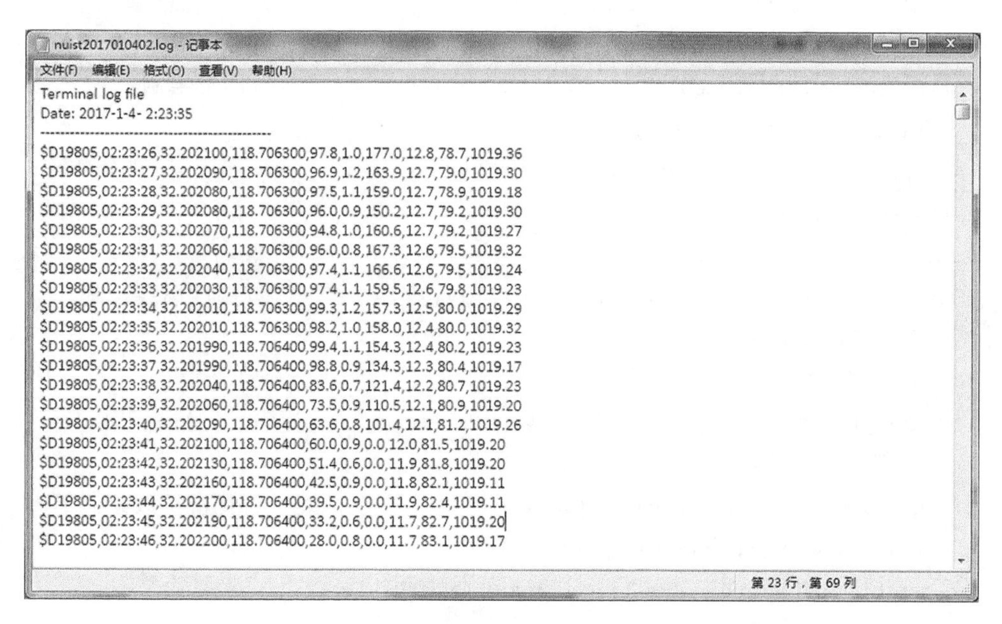

nuist2017010402.log - 记事本

文件(F) 编辑(E) 格式(O) 查看(V) 帮助(H)

```
Terminal log file
Date: 2017-1-4- 2:23:35
----------------------------------------------
$D19805,02:23:26,32.202100,118.706300,97.8,1.0,177.0,12.8,78.7,1019.36
$D19805,02:23:27,32.202090,118.706300,96.9,1.2,163.9,12.7,79.0,1019.30
$D19805,02:23:28,32.202080,118.706300,97.5,1.1,159.0,12.7,78.9,1019.18
$D19805,02:23:29,32.202080,118.706300,96.0,0.9,150.2,12.7,79.2,1019.30
$D19805,02:23:30,32.202070,118.706300,94.8,1.0,160.6,12.7,79.2,1019.27
$D19805,02:23:31,32.202060,118.706300,96.0,0.8,167.3,12.6,79.5,1019.32
$D19805,02:23:32,32.202040,118.706300,97.4,1.1,166.6,12.6,79.5,1019.24
$D19805,02:23:33,32.202030,118.706300,97.4,1.1,159.5,12.6,79.8,1019.23
$D19805,02:23:34,32.202010,118.706300,99.3,1.2,157.3,12.5,80.0,1019.29
$D19805,02:23:35,32.202010,118.706300,98.2,1.0,158.0,12.4,80.0,1019.32
$D19805,02:23:36,32.201990,118.706400,99.4,1.1,154.3,12.4,80.2,1019.23
$D19805,02:23:37,32.201990,118.706400,98.8,0.9,134.3,12.3,80.4,1019.17
$D19805,02:23:38,32.202040,118.706400,83.6,0.7,121.4,12.2,80.7,1019.23
$D19805,02:23:39,32.202060,118.706400,73.5,0.9,110.5,12.1,80.9,1019.20
$D19805,02:23:40,32.202090,118.706400,63.6,0.8,101.4,12.1,81.2,1019.26
$D19805,02:23:41,32.202100,118.706400,60.0,0.9,0.0,12.0,81.5,1019.20
$D19805,02:23:42,32.202130,118.706400,51.4,0.6,0.0,11.9,81.8,1019.20
$D19805,02:23:43,32.202160,118.706400,42.5,0.9,0.0,11.8,82.1,1019.11
$D19805,02:23:44,32.202170,118.706400,39.5,0.9,0.0,11.9,82.4,1019.11
$D19805,02:23:45,32.202190,118.706400,33.2,0.6,0.0,11.7,82.7,1019.20
$D19805,02:23:46,32.202200,118.706400,28.0,0.8,0.0,11.7,83.1,1019.17
```

第 23 行，第 69 列

图 4.8　GPS 探空仪数据资料格式

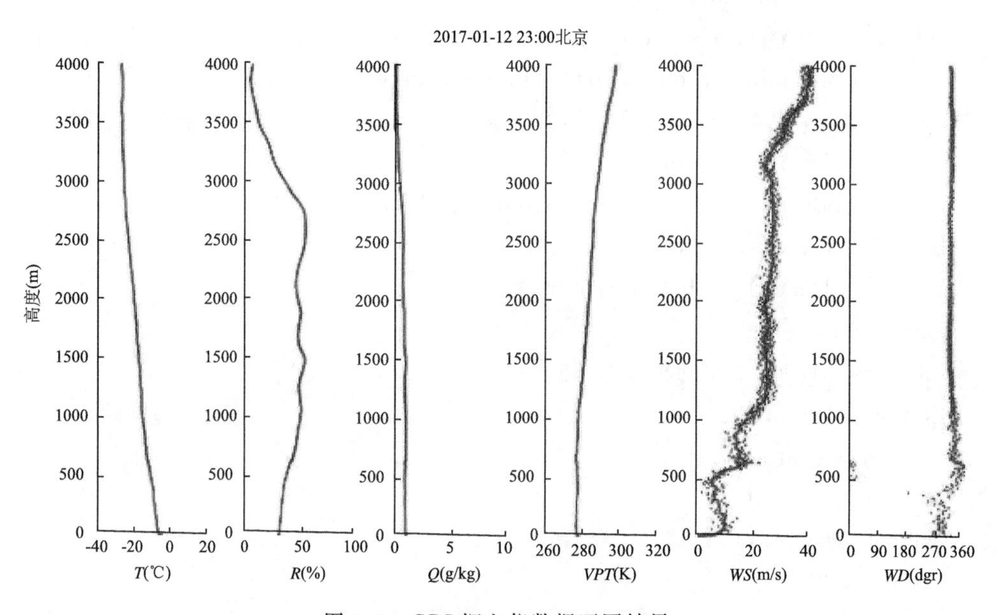

图 4.9　GPS 探空仪数据画图结果

4.7　实习作业

(1)利用系留气艇观测资料,分析边界层温度、湿度的垂直结构特征。

(2)分析讨论白天不稳定条件下边界层垂直结构特征。

(3)分析讨论夜间稳定条件下边界层垂直结构特征。

4.8　思考题

(1)在大风条件下施放系留气艇需注意什么问题?

(2)利用系留气艇观测边界层垂直结构存在哪些缺点?

参考文献

韩彦霞,王成刚,严家德,等,2017.新型边界层气象探空系统的开发与应用[J].气象科技,(5):804-810.

李伟,李柏,陈永清,2012.常规高空气象观测业务规范[M].北京:气象出版社.

梁建平,李宇中,黎洁波,等,2014.L 波段高空气象探测系统测风算法改进探讨[J].气象科技,42(5):753-758.

孙学金,王晓蕾,李浩,2009.大气探测学[M].北京:气象出版社.

王庚辰,李立群,王勇,等,2004.XLS-Ⅱ型系留气艇探测系统[J].气象科技,32(4):269-273.

王昊哲,孙鉴泞,朱莲芳,等,2013.系留气艇探测风速的误差订正及其应用评估[J].气象科学,33(5):485-491.

第 5 章　风廓线雷达对大气边界层的观测

5.1　概述

风廓线雷达(Wind Profiler Radar, WPR),又称为风廓线仪,是一种新型测风雷达。它以晴空大气湍流对入射电磁波的散射回波为探测对象,采用多普勒雷达收发技术,通过测量东、南、西、北 4 个倾斜波束和垂直波束方向上的多普勒速度以获取水平、垂直风场等气象要素随高度的分布和随时间的变化(Ecklund et al., 1988)。该仪器具有较高的时间和空间分辨率,已经广泛应用于航空航天、水文水利、大气环境监测和天气预报等方面(杨引明,陶祖钰,2003),如图 5.1 所示。

图 5.1　Vaisala LAP-3000 边界层风廓线雷达及 RASS 系统

风廓线雷达按其最大探测高度分为三类,即平流层风廓线雷达、对流层风廓线雷达和边界层风廓线雷达(何平, 2006)。其中边界层风廓线雷达工作频率为 915 MHz 和 1290 MHz,探测高度约为 3 km。作为一种新型的大气边界层探测手段,该仪器具有如下特征。

(1)资料种类多。除风场资料外,该仪器还可提供回波功率(P_r)、径向速度(V_r)、速度谱宽(S_w)、信噪比 (SNR)、折射率结构常数(C_n)等其他资料。其中折射率结构常数可表征湍流运动的剧烈程度,利用该值可反演大气的稳定状况。除此之外,在原始数据的基础上还可以计算垂直风切变大小、湍流耗散率等物理量(张梦佳,2013)。

(2)时空分辨率高。风廓线雷达的观测资料不但种类多,而且具有很高的时间和空间分辨率。最高时间分辨率能够短到几分钟,边界层风廓线雷达的探测周期约为6 min。空间高度分辨率一般在几十米左右。由于资料的连续性好,可以从资料中分析出边界层顶、切变线、急流区、锋区、大气重力波等重要的天气信息。

(3)测量精度高。风廓线雷达直接测量的是径向风,由于倾斜波束的天顶角比较小,且晴空回波信号随高度的增加迅速减弱,因此在风廓线雷达探测资料中较少出现径向速度模糊的问题。水平风可通过同一高度上的几个径向风的测量值计算得到。前提需假定5个波束的观测目标在同一高度上近似不变。故风廓线雷达探测距离越近,测量结果的准确性越好,距离越远,假定条件越不容易满足,准确性就越差(朱苹等,2018)。

5.2 实习目的

作为一种新型的边界层探测手段,风廓线雷达的资料不仅种类多,而且具有很高的时间和空间分辨率。因此如何充分利用资料中的有效信息,更加准确、详尽的了解边界层物理过程是本章的主要目的。

本章实习目的:

(1)风廓线雷达工作原理的熟悉;

(2)风廓线雷达资料的处理;

(3)利用风廓线雷达资料对大气边界层风场、湍流场垂直结构进行分析。

5.3 仪器介绍

风廓线雷达主要由天线分系统、发射分系统、数字接收分系统、信号处理分系统、雷达监控分系统、标定分系统、通讯分系统和数据处理及应用终端等部分构成,如图5.2所示。

风廓线雷达以晴空大气湍流作为探测对象。风廓线雷达主要利用湍流对电磁波的散射作用进行大气风场的探测。

大气湍流主要由大气动力和热力不均匀分布引起,湍流活动使大气要素场(如风、温度、湿度、气压、折射率等)呈现涨落。由于大气要素的涨落使大气折射率产生

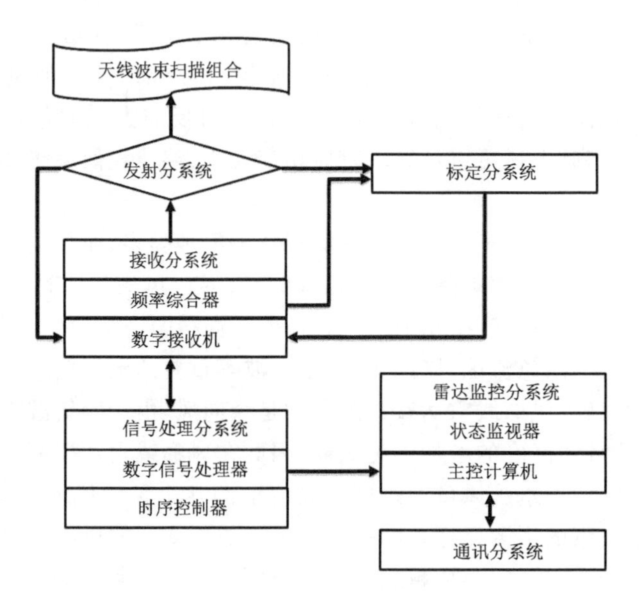

图 5.2　风廓线雷达的组成结构

相应的变化，风廓线雷达发射的电磁波信号被湍流散射，其中的后向散射部分被天线接收，形成回波信号。这种由于大气折射指数不均匀造成的回波信号称之为晴空回波。

大气湍流对电磁波的散射理论由塔塔尔斯基(Tatarski)提出，他从电磁场的麦克斯韦方程组出发，假设大气中折射率场是随机场，大气中的湍流是局地均匀各向同性的。经过一系列数学处理后得出湍流大气对雷达波的反射率 η 为：

$$\eta=0.38C_n^2\lambda^{-1/3} \tag{5.1}$$

其中：λ 是电磁波的波长，单位是 m；C_n^2 是大气折射率结构常数，单位是 $m^{-2/3}$；η 的单位是 m^2/m^3。大气湍流对电磁波的散射是弥散目标散射，由雷达气象方程可以导出下式：

$$C_n^2=\frac{KT_0BN_F}{5.4\times10^{-5}\lambda^{5/3}P_t(h/2)\theta\varphi G_1G_2L_1L_2}R^2\cdot SNR \tag{5.2}$$

其中：K 是波尔兹曼常数；T_0是绝对温度；B 是噪声带宽；N_F 是噪声系数；λ 是波长；P_t 是发射功率；h 是脉冲照射深度；θ、φ 是波束宽度；G_1 是相控阵天线发射增益；G_2 是相控阵天线接收增益；L_1 是发射损耗；L_2 是接收损耗；R 为距离；SNR 是信噪比。从公式(5.1)、(5.2)可以看出，对于给定的雷达系统，其回波的信噪比与 C_n^2 成正比。风廓线雷达的发射功率，包括它的峰值功率和平均功率，以及大气湍流能量决定了雷达的最大探测高度。风廓线雷达的晴空回波信号非常弱，而且随着高度的增加，雷达回波信号迅速减小。

大气边界层高度有明显的日变化特征，白天对流边界层主要由近地面层、混合层和夹卷层组成。夹卷层位于边界层顶部，是边界层和自由大气的过渡带，该层中的湍流强度、温度、湿度、气溶胶的浓度等物理量都有很剧烈的变化。因此，可以利用 C_n^2 廓线的分布进行边界层高度的判定。图 5.3 为 2008 年 10 月 24 日 11 时，在安徽寿县利用探空资料和风廓线雷达资料得到的廓线图。图中相对湿度、位温、比湿及 C_n^2 的垂直分布结构表明，在边界层顶部大气的温度、湿度、C_n^2 等物理量有明显的跃变特征。

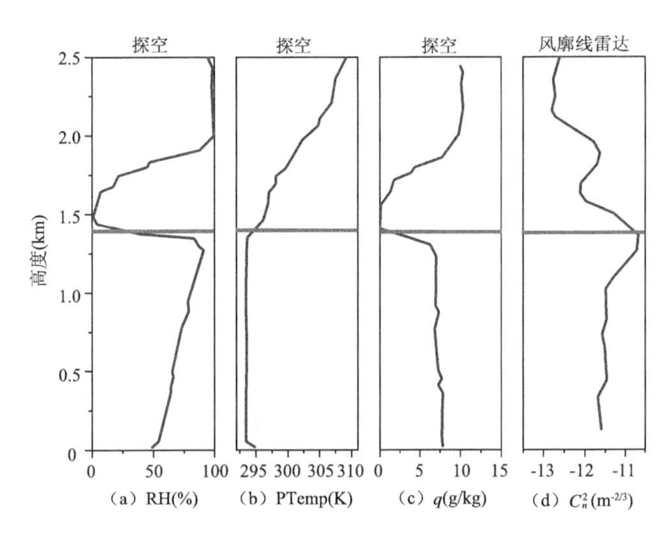

图 5.3　2010 年 10 月 24 日 11 时安徽寿县探空资料和风廓线雷达资料对边界层垂直结构的观测：(a)相对湿度(RH)；(b)位温(PTemp)；(c)比湿(q)；(d)C_n^2

此外，利用风廓线雷达的信噪比资料(SNR)还可以判定边界层高度的日变化分布。由图 5.4 可见，在白天(08:00—18:00)对流边界层发展期间，由于湍流的活动旺盛，雷达回波信号和 SNR 的值也较大。尤其是在边界层与自由大气的交界面，湍流有较强的跃变，故此可利用这一信息判定边界层高度的日变化。

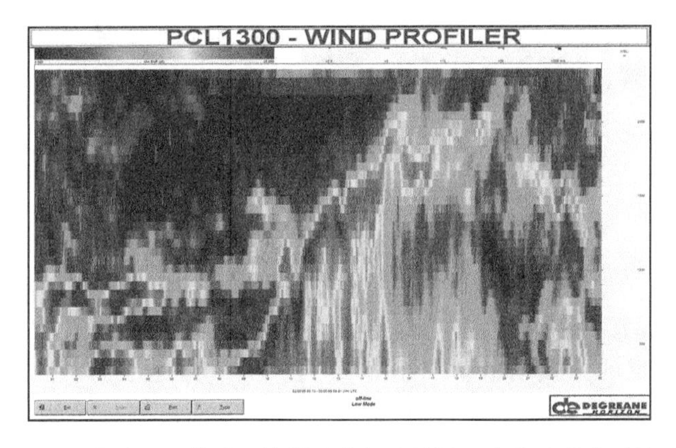

图 5.4　利用风廓线雷达信噪比资料对大气边界层日变化过程的反演(附彩图)

由于大气湍流是运动的，由多普勒原理可知，返回雷达的信号会产生一定量的多普勒频移，测定该频移值可以直接计算出某层大气沿雷达波束径向速度值。

$$f_d = \pm \frac{2V_r}{\lambda} \tag{5.3}$$

式中：f_d 为多普勒频移；V_r 是目标物的径向速度；λ 是波长。为了能获得风廓线雷达上空三维风场信息，至少需要测量 u,v,w 三个方向的速度。大部分风廓线雷达采用五个波束测量方式，五个波束指向分别是：一个垂直指向波束，四个倾斜指向波束。倾斜波束一般为正东、正西、正南、正北，其天顶夹角通常在 15°左右。图 5.5 给出了五波束风廓线雷达波束指向及大气湍流引起的 Bragg 散射示意图。

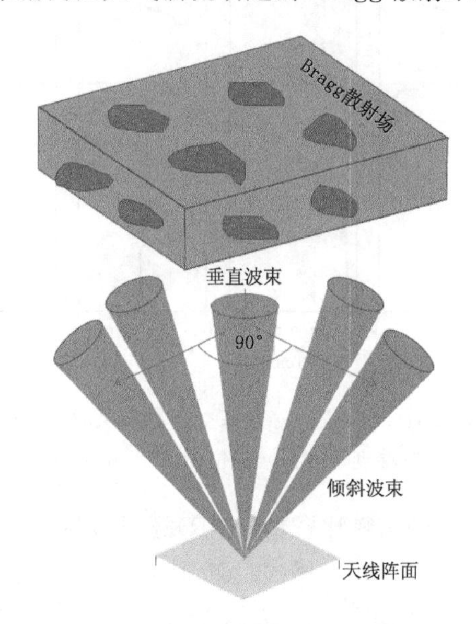

图 5.5　五波束风廓线雷达波束指向示意

在均匀风场的假设条件下，根据处在同一高度上的几个径向速度值计算得到水平风；自下而上逐层计算不同高度上的水平风，就得到了一条水平风垂直廓线。对于三波束风廓线雷达，具体计算公式如下：

$$\begin{cases} U_E(h) = \dfrac{1}{\sin\theta}(V_{RE}(h) - V_{RZ}(h)\cos\theta) \\ U_N(h) = \dfrac{1}{\sin\theta}(V_{RN}(h) - V_{RZ}(h)\cos\theta) \\ U_Z(h) = V_{RZ}(h) \end{cases} \tag{5.4}$$

式中：θ 为倾斜波束的天顶角；V_{RZ}、V_{RE}、V_{RN} 为风廓线雷达在天顶方向、偏东方向、偏北方向测得的径向速度；U_E、U_N 为径向速度合成后的水平风在东和北方向的分量；U_Z 为大气垂直运动速度。风廓线雷达测得的径向速度均以朝向雷达方向为正速度。

图 5.6 为 2010 年 12 月 9 日广州五山风廓线雷达观测站获取的水平风矢量垂直廓线随时间演变。该日广州及周边地区以晴天为主，日最低温 12.3℃，最高气温 26.8℃。由图 5.6 可见，水平风速白天较小夜间较大。其原因可能是白天的湍流活动旺盛，水平风速在湍流耗散的作用下明显减小；而夜间的大气层结比较稳定，湍流活动较弱，湍流对大气动能的耗散能力减弱，地表对风速的拖曳、摩擦作用较难向上传递，风速开始增大，并伴有夜间边界层急流的出现，急流的高度主要集中在 300～800 m，且风速具有明显的间歇性特征。

除此之外，利用风廓线分布图可以看到锋面结构、冷暖平流，可以检测是否存在风速大值区和高低空急流，是否有低空切变等信息。

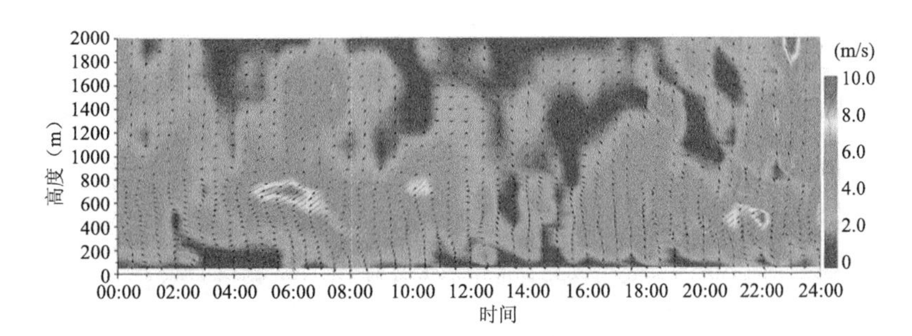

图 5.6　2010 年 12 月 9 日广州五山地区水平风向风速日变化分布(附彩图)

5.4　资料处理方法介绍

观测资料在使用前进行质量控制，是数据处理单元的一项重要任务。常用风廓线雷达资料格式如图 5.7 所示。虽然，风廓线雷达的信号处理单元进行了一系列的质量控制工作，但由于气象条件的复杂性以及随机误差的存在，仍然会使某些数据的质量较差。特别是针对风廓线雷达，由于湍流回波信号弱，雷达探测容易受到各种干扰的影响，使得计算结果中常常出现异常点，因此，需要对数据处理单元做进一步质量控制。质量控制工作主要包括：数据合理性检验，连续性检验等。

(1)数据合理性检验

某些随机误差的存在会使个别高度上的风速出现奇异点(风速特别大)，这些数据通常为无效数据。数据合理性检验就是要去除这些无效数据。其基本做法为，事先通过历史资料来给出某高度范围内可能出现的最大风速，将风廓线雷达所得风速与该最大风速进行比较，当超出最大风速时，剔除该值并对该值进行插补。表 5.1 列出了某一气压高度范围内可能出现的最大风速值，供参考。

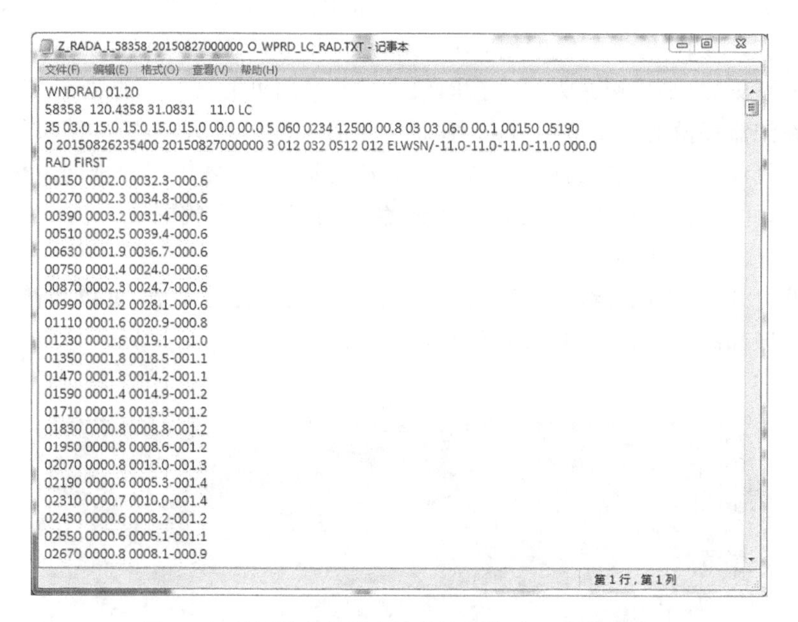


```
WNDRAD 01.20
58358  120.4358 31.0831    11.0 LC
35 03.0 15.0 15.0 15.0 15.0 00.0 00.0 5 060 0234 12500 00.8 03 03 06.0 00.1 00150 05190
0 20150826235400 20150827000000 3 012 032 0512 012 ELWSN/-11.0-11.0-11.0-11.0 000.0
RAD FIRST
00150 0002.0 0032.3-000.6
00270 0002.3 0034.8-000.6
00390 0003.2 0031.4-000.6
00510 0002.5 0039.4-000.6
00630 0001.9 0036.7-000.6
00750 0001.4 0024.0-000.6
00870 0002.3 0024.7-000.6
00990 0002.2 0028.1-000.6
01110 0001.6 0020.9-000.8
01230 0001.6 0019.1-001.0
01350 0001.8 0018.5-001.1
01470 0001.8 0014.2-001.1
01590 0001.4 0014.9-001.2
01710 0001.3 0013.3-001.2
01830 0000.8 0008.8-001.2
01950 0000.8 0008.6-001.2
02070 0000.8 0013.0-001.3
02190 0000.6 0005.3-001.4
02310 0000.7 0010.0-001.4
02430 0000.6 0008.2-001.2
02550 0000.6 0005.1-001.1
02670 0000.8 0008.1-000.9
```

图 5.7　通用风廓线雷达数据资料格式（见附录 D）

表 5.1　不同高度范围内可能出现的最大风速

气压高度(hPa)	1000	850	700	500	400	300	250	200
最大风速(m/s)	35	45	60	100	130	160	160	160

(2)连续性检验

在自然条件下，风是所有气象要素中变化最频繁的一个，但风的变化仍需遵循连续性的限定。风的快速脉动变化，正反映了大气中分布着各种尺度的湍流运动。从微观角度看，湍流运动受大气运动、地面摩擦及太阳和地面辐射等因素的共同影响。大气中充满各种尺度的湍涡，使得一个地区的气流在大趋势上是指向一个方向的，但是某一局部不断受到微气团湍流作用影响，使得风向风速在不断变化。这也是风廓线雷达测风的基本原理。

连续性检验包括观测数据“空间的连续性检验”和“时间序列的连续性检验”。

空间的连续性检验是指风廓线雷达获取的数据在高度上应当是连续的。由于误差或信噪比过低，观测数据在个别高度上会出现较大偏差或缺值的现象，造成廓线的不连续。通过连续性检验，可以对偏差较大的数据进行订正，对于缺值的数据点，如果需要而且可能的话，可以采用插值的办法进行填补。

时间序列的连续性检验是指风场的变化在一个较短时间内应该保持其连续性特征。在风廓线雷达数据处理中，检验流程是：假设某个波束某个高度上的观测值，在某时刻测得的径向速度样本应与其前后几个时刻观测值(V_{r1},V_{r2},…, V_{rn})满足平稳随机过程。当风场资料超出一定时间内的变化范围，则该资料视为可疑。处理方式参见第 2 章。

5.5　实习内容

(1)熟悉风廓线雷达的工作原理。

(2)数据格式的识别。

(3)利用原始风廓线雷达资料进行水平风速、风向的合成。

(4)垂直风切变的计算。

风切变是一种大气现象，是空间任意两点间风向、风速的突然变化，它包括水平风的垂直切变、水平风的水平切变和垂直风的切变。考虑到水平风的垂直切变与湍流引起的谱宽密切相关，下面为垂直风切变的计算方法：

$$\left|\frac{\partial \vec{V}}{\partial z}\right| = \sqrt{(\partial u/\partial z)^2 + (\partial v/\partial z)^2} \tag{5.5}$$

(5)湍流耗散率的计算。

根据湍流的各向同性假说，湍流引起的谱宽和湍流动能耗散率的关系为：

$$\sigma_t^2 = \frac{A\varepsilon^{\frac{2}{3}}}{4\pi}\iiint \left(1-\frac{k_1^2}{k^2}\right) k^{-\frac{11}{3}} \{1-\mathrm{sinc}^2(k_2 L/2)\exp[-a^2(k_1^2+k_3^2)-b^2k_1^2]\}\mathrm{d}k_1\mathrm{d}k_2\mathrm{d}k_3 \tag{5.6}$$

式中：A 为三维 Kolmogorov 常数，取 1.6；$k^2=k_1^2+k_2^2+k_3^2$，k_1 是沿着波束方向的波数，k_2 和 k_3 都是垂直于波束方向的波数；积分的范围是所有波数空间。sinc^2 函数项表示时间滤波效应；L 为平均风速和多普勒时间序列持续时间的积累值。同样利用湍流耗散率的时空分布也可以获取边界层高度的日变化特征，如图 5.8 所示。

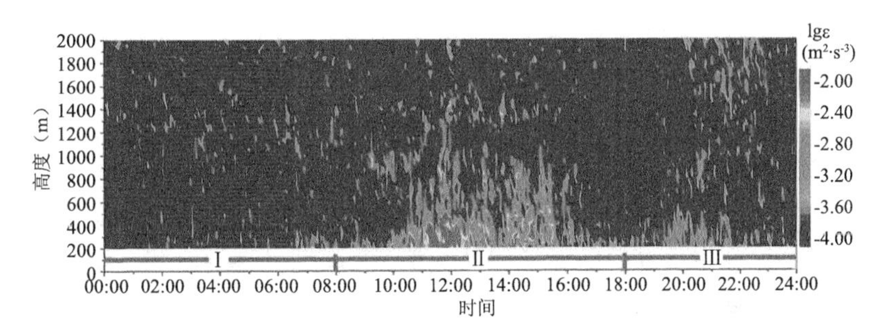

图 5.8　湍流耗散率的日变化(附彩图)

5.6 实习范例

(1)NetCDF 数据格式简介

NetCDF 全称为 Network Common Data Format，中文译法为“网络通用数据格式”，是由美国的大学大气研究协会(University Corporation for Atmospheric Research，UCAR)科学家针对气象数据的特点开发的，对程序员来说，它和 .zip、.jpeg、.bmp 文件格式类似，都是一种文件格式的标准。目前广泛应用于大气科学、水文、海洋学、环境模拟、地球物理等诸多领域，例如，NCEP(美国国家环境预报中心)发布的再分析资料，NOAA 的 CDC(气候数据中心)发布的海洋与大气综合数据集(COADS)均采用 NetCDF 作为标准。这里将主要介绍一下这种数据格式定义和使用方法。

从数学上来说，NetCDF 存储的数据集就是一个多自变量的单值函数。用公式来说就是 $f(x,y,z,\cdots)=\text{value}$，函数的自变量($x,y,z,\cdots$)在 NetCDF 中叫作维(Dimensions)或坐标轴(Axis)，函数值 value 在 NetCDF 中叫作变量(Variables)。而自变量和函数值在物理学上的一些性质，比如计量单位(量纲)、物理学名称等在 NetCDF 中称为属性(Attributes)。变量存储实际数据，维给出了变量维度信息，属性则给出了变量或数据集本身的辅助信息，又可以分为适用于整个文件的全局属性和适用于特定变量的局部属性，全局属性则描述了数据集的基本属性以及数据集的来源。NetCDF 数据集(文件名后缀可为 .nc，.cdf，.cdl 等)的格式不是固定的，它是使用者根据需求自己定义的。一个 NetCDF 文件的结构包括以下对象(图 5.9)：

```
NetCDF name{
    Dimensions：… //定义维数
    Variables：… //定义变量
    Attributes：… //属性
    Data：…//数据  }
```

NetCDF 数据的主要特点包括(1)自描述性：它是一种自描述的二进制数据格式，包含自身的描述信息；(2)易用性：它是网络透明的，可以使用多种方式管理和操作这些数据；(3)高可用性：可以高效访问该数据，在读取大数据集中的子数据集时不用按顺序读取，可以直接读取需要访问的数据；(4)可追加性：对于新数据，可沿某一维进行追加，不用复制数据集和重新定义数据结构；(5)平台无关性：NetCDF 数据集支持在异构的网络平台间进行数据传输和数据共享。可以由多种软件读取并使用多种语言编写，其中包括 C 语言，C++，Fortran，Matlab，IDL，Python，Perl 和 Java 语言等。

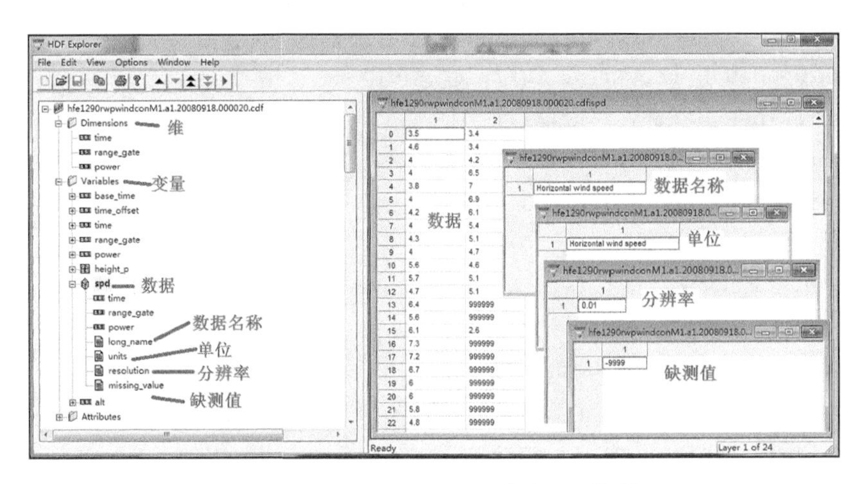

图 5.9　NetCDF 格式的风廓线雷达资料

有关 NetCDF 的详细资料可见 NetCDF 的用户手册和入门教程，下载地址分别为 http://www.unidata.ucar.edu/software/netcdf/docs/netcdf.pdf；http://www.unidata.ucar.edu/software/netcdf/docs/netcdf-tutorial.pdf。

(2)利用 Matlab 软件对风廓线雷达资料进行分析，资料图像如图 5.10 所示。

```
%%%%%%%%%%%%%%%%%%%%%%%%%%%
%%  风廓线雷达资料处理程序
%%%%%%%%%%%%%%%%%%%%%%%%%%%%
clear all;  close all;
bool_H=0;                %% 一些常值参量的设定
co_k=6.98*10e-16;        %% 湍流扩散系数
%%%%%%%%%%%%%%%%%%%%%%%%%%%%%%%%%%%%
filename='\WPR\RWPWINDCON\hfe1290rwpwindconM1.a1.20080919.000015.cdf';
nc=netcdf.open(filename,'NC_NOWRITE');  %%打开 NetCDF 格式的风廓线雷达资料
[ndims nvars natts] = netcdf.inq(nc);

Time=netcdf.getVar(nc,0);                    %%读取变量
d_Height=netcdf.getVar(nc,5);
d_WindSpeed=netcdf.getVar(nc,6);
d_WindDir=netcdf.getVar(nc,7);
d_U=netcdf.getVar(nc,8);
```

```
d_V=netcdf.getVar(nc,9);
d_snr0=netcdf.getVar(nc,20);
d_snr1=netcdf.getVar(nc,21);
d_snr2=netcdf.getVar(nc,22);
d_snr3=netcdf.getVar(nc,23);
d_snr4=netcdf.getVar(nc,24);
netcdf.close(nc);                              %%关闭文件
[m,n]=size(d_Height);
[ii,jj,kk]=size(d_WindSpeed);
%%%%%%%%%%%%%%%%%%%%  高模式与低模式雷达数据的合并
   for j=1:n
     if (bool_H==1)
         break
     else
         if (d_Height(1,j)==-9999)
         for jj=1:n;
            if(d_Height(2,jj)>d_Height(1,j-1))
               Height=[d_Height(1,1:j-1),d_Height(2,jj:n)];
               WindSpeed=[d_WindSpeed(1,1:j-1,:),d_WindSpeed
               (2,jj:n,:)];
               WindDir=[d_WindDir(1,1:j-1,:),d_WindDir(2,jj:n,:)];
               U=[d_U(1,1:j-1,:),d_U(2,jj:n,:)];
               V=[d_V(1,1:j-1,:),d_V(2,jj:n,:)];
               snr0=[d_snr0(1,1:j-1,:),d_U(2,jj:n,:)];
               snr1=[d_snr1(1,1:j-1,:),d_snr1(2,jj:n,:)];
               snr2=[d_snr2(1,1:j-1,:),d_snr2(2,jj:n,:)];
               snr3=[d_snr3(1,1:j-1,:),d_snr3(2,jj:n,:)];
               snr4=[d_snr4(1,1:j-1,:),d_snr4(2,jj:n,:)];
               bool_H=1;
               break;
            end;
         end;
     end;
     end;
   end;
```

```
[m,n]=size(Height);
[ii,jj,kk]=size(WindSpeed);

for i=1:ii
    for j=1:jj
        if (Height(i,j)==-9999 | Height(i,j)==999999)
            Height(i,j)=NaN;
        end;
        for k=1:kk
        if (WindSpeed(i,j,k)==-9999 | WindSpeed(i,j,k)==999999)
            WindSpeed(i,j,k)=NaN;
            WindDir(i,j,k)=NaN;
            U(i,j,k)=NaN;
            V(i,j,k)=NaN;
            snr0(i,j,k)=NaN;
            snr1(i,j,k)=NaN;
            snr2(i,j,k)=NaN;
            snr3(i,j,k)=NaN;
            snr4(i,j,k)=NaN;
            CN(i,j,k)=NaN;
            SNR(i,j,k)=NaN;
            Shear(i,j,k)=NaN;
        else
            %%%%%%%%%%%%%% 风切变,湍流耗散率的计算
          if(j>1)
Shear(i,j,k)=sqrt(((U(i,j,k)-U(i,j-1,k))/1000 * (Height(i,j)-Height
(i,j-1)))^2+((V(i,j,k)-V(i,j-1,k))/1000 * (Height(i,j)-Height(i,j-
1)))^2);
          else
              Shear(i,j,k)=NaN;
           end;
           %%%%%%%%%%% 信噪比的计算
           SNR(i,j,k)= (snr0(i,j,k)+snr1(i,j,k)+snr2(i,j,k))/3.0;
           %%%%%%%%%%% 折射率结构常数的计算 Cn^2
           CN(i,j,k)=co_k * Height(i,j) * Height(i,j) * (10^(SNR(i,j,
```

```
                k)/10));
            end;
          end;
    end;
end;

%%%%%%%%%%%%%%%
%%%%%%%%%%%%%%%  结果显示
figure(1);
    plot(CN(1,:,1),Height(1,:)','-*r');
figure(2)
for b=13:15
    plot(log10(CN(1,:,b)),Height(1,:)','-*r');
    hold on;
end;
figure(3)
plot(snr0(1,:,1),Height(1,:)','-*g');
hold on;
plot((snr0(1,:,1)+snr1(1,:,1)+snr2(1,:,1))/3,Height(1,:)','-*b');
figure(4)
plot(Shear(1,:,1),Height(1,:)','-*r');
figure(5)
plotxx(WindSpeed(1,:,3),Height(1,:)',Shear(1,:,3),Height(1,:)');
```

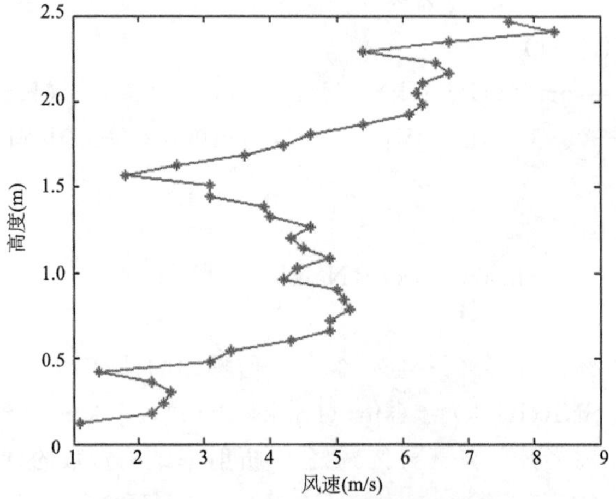

图 5.10　风廓线雷达资料图形结果显示

5.7 实习作业

(1)利用风廓线雷达的原始资料合成水平风速、垂直风速。

(2)分析讨论折射率结构常数的日变化特征。

(3)计算湍流耗散率,并分析边界层内湍流耗散率的日变化特征。

5.8 思考题

(1)风廓线雷达资料是否能在有降水时使用?若能,则应需要注意什么问题?

(2)利用风廓线雷达资料分析边界层垂直结构存在什么缺点?

参考文献

何平,2006. 相控阵风廓线雷达[M]. 北京:气象出版社.

杨引明,陶祖钰,2003. 上海 LAP23000 边界层风廓线雷达在强对流天气预报中的应用初探[J]. 成都信息工程学院学报,18(2):155-160.

张梦佳,2013. 基于风廓线雷达资料的边界层湍流特征研究[D]. 北京:中国气象科学研究院.

朱苹,王成刚,严家德,等,2018. 北京城市复杂下垫面条件下三种边界层测风资料对比[J]. 干旱气象,36(05):82-89.

Ecklund W L, Carter D A, Balsley B B, 1988. A UHF wind profiler for the boundary layer: Brief description and initial results[J]. J Atmos Ocean Tech, (5):432-441.

第 6 章　微波辐射计对大气边界层的观测

6.1　概述

气象要素在垂直方向上的变化对于天气、气候及大气环境的研究至关重要。探空仪是垂直测量大气温度、湿度、风、气压等要素的最基本方法，然而业务探空每天通常只有两次（北京时间 08 时，20 时），且探空站的空间分布比较稀疏，很难满足目前科学研究与业务工作的需求。随着科学技术的进步，探测气象要素垂直特征的手段也有了很大进步，观测设备也在不断地丰富，如风廓线雷达可获取风场随高度的变化，微波辐射计则可对温度、湿度以及液态水等要素的垂直结构分布进行探测（张瑞生，1984）。

微波辐射计（Microwave Radiometer）作为一种被动式的微波遥感设备，本身不发射电磁波，而是通过接收目标物辐射的微波能量来探测其特性，见图 6.1。由基尔霍夫热辐射定律可知，当物体温度＞0 K（即－273.15℃）时，物体就会向外界辐射电磁能量，且每种物质的辐射特征各不相同。当微波辐射计的天线指向目标物时，天线

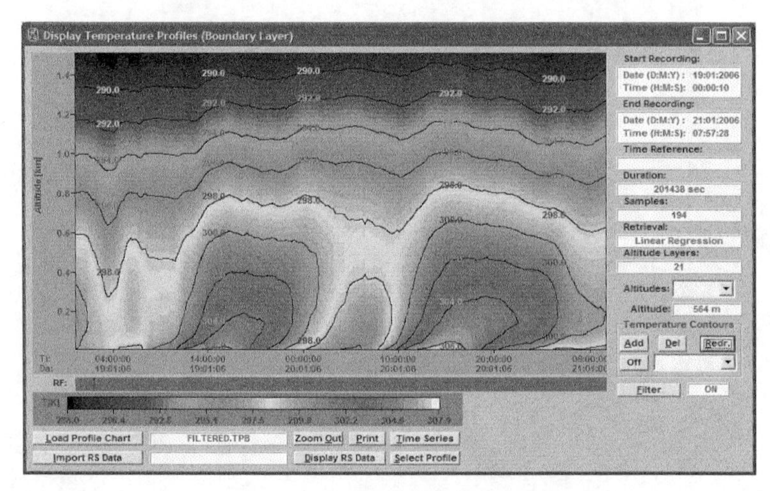

图 6.1　微波辐射计观测结果，边界层范围内温度的时间垂直剖面分布（附彩图）

会接收到目标物辐射、目标物散射和传播介质辐射等辐射能量，这将引起天线接收端电磁辐射能量的变化。接收到的信号经放大、滤波、检波和再放大后，以电压的形式输出。对微波辐射计的输出电压进行绝对温度定标，即建立起输出电压与微波辐射能量的关系之后，就可确定所观测目标的亮度温度（亮温）。该值包含了辐射体和传播介质的一些物理信息，通过反演可以了解被探测目标的一些物理特性（张培昌，王振会，1995）。

微波辐射计具有以下特点：(1)因为微波具有一定的穿透能力，尤其是在厘米波以上的波段具有较强的穿云能力，可以进行全天候观测；(2)可以利用微波的极化和相干等特性进行灵活的信号处理，获取更多的信息，提高系统的性能；(3)微波波段的电磁波具有与大多数自然和人工目标的结构尺寸相匹配的波长，适用于进行这些结构参数的遥感测量；(4)微波辐射计测量结果可提供与可见光、红外遥感和主动微波遥感不同的目标物的特征参数，能对目标物特性有更全面的了解；(5)与有源微波遥感相比，微波辐射计重量轻、体积小、功耗小。

近年来，随着微波辐射计的广泛使用，观测资料的大量积累，该仪器已逐步用于估算大气边界层高度，分析研究边界层内气温、湿度、水汽含量的垂直分布特征等方面。如图 6.1 所示。

6.2　实习目的

微波辐射计是一种用于测量物体微波热辐射的高灵敏度接收机。它通过测量天线接收到的辐射功率来反演目标物的亮度温度。作为一种新型的边界层探测手段，微波辐射计资料不仅种类多，而且具有较高的时间和空间分辨率（王志诚 等，2018）。因此如何充分利用资料中的有效信息，更加准确、详尽地了解边界层温度、湿度结构特征是本章的主要目的。

本章实习目的：

(1)微波辐射计工作原理的熟悉；

(2)微波辐射计资料的处理；

(3)利用微波辐射计资料对大气边界层温度、湿度场垂直结构进行分析。

6.3　仪器介绍

微波辐射计在技术上有多种类型，主要有全功率型、迪克(Dicke)型、零平衡迪克型、负反馈零平衡迪克型、双参考温度自动增益控制型、数字增益自动补偿型、格拉哈姆(Graham)型等。无论哪种型号的仪器，仪器构造都大致相似，如图 6.2 所示。天馈系统用以接收目标物发出的微波辐射能。接收到的信号分两路输入进 K 波段和

V 波段接收机，分别用以测量水汽含量、液态水含量和氧原子温度。信号处理系统的主要功能为将接收到的信号放大、滤波、检波和再放大后以电压的形式给出。此外，它还负责处理监控系统给出的仰角、方位角信息。监控系统主要负责控制伺服系统完成天线的扫描任务，监控接收机及标定系统的工作状态。数据处理系统负责对数据进行实时处理，实时显示数据信息，并可将数据存储下来。

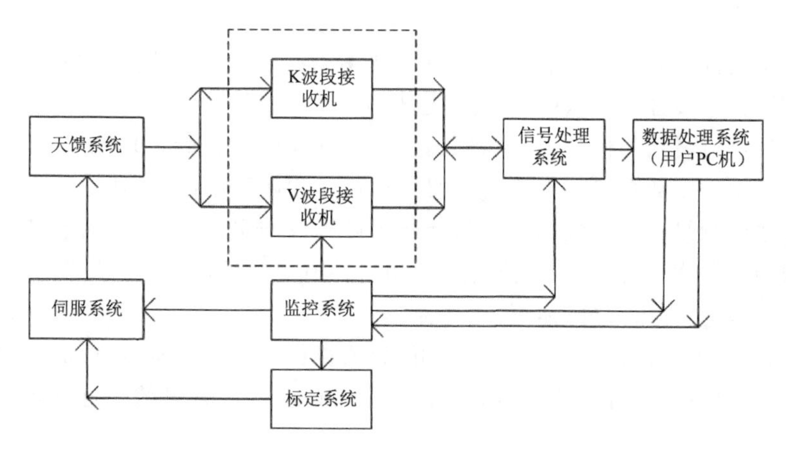

图 6.2　多通道微波辐射计系统原理

下文以常用的 TP-WVP3000 微波辐射计为例，简要介绍仪器的主要组成部分及仪器性能。TP-WVP3000 是一种 12 通道地基微波辐射计，其外形及内部组成如图 6.3 所示。它主要由天线屏蔽器、吹风机、下雨传感器、仰角镜、光学天线、红外温度计、水汽压微波接收器、温度微波接收器、频率合成器、方位调节器、电源、电路板和黑体等构成，它可以连续得到从地面到 10 km 高度的温度、水汽和液态水的垂直廓线。辐射计系统可以附带地面气象传感器，用来测量地面的温度、湿度、气压和降水，并使

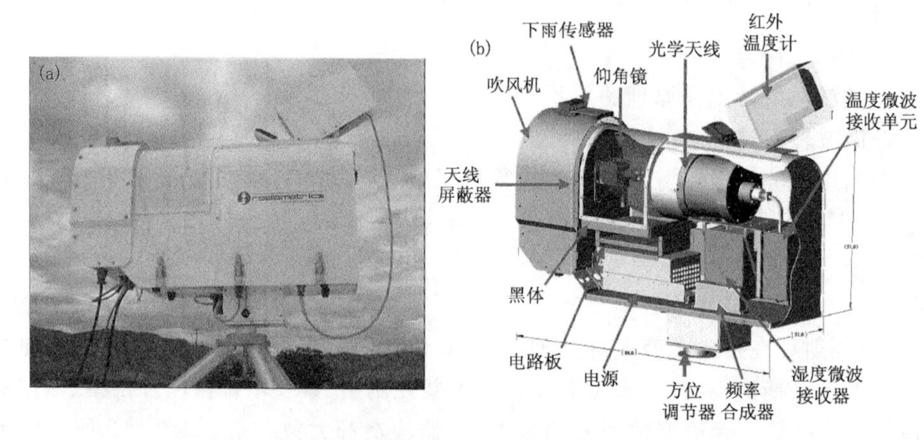

图 6.3　TP-WVP3000 微波辐射计的外形(a)及内部组成(b)

用对准天顶的红外温度计测量云底温度。它包括两个频率段的子系统,其中反演温度的是 51～59 GHz 的 7 个频率氧气吸收带通道,波瓣宽度 2°～3°,水汽是 22～30 GHz 的水汽吸收带,波瓣宽度 5°～6°。可以提供从地面到 1 km 每100 m一个间隔以及从 1 km到高空 10 km 每 250 m 一个间隔的温度、水汽密度以及液态水的垂直廓线,每分钟提供一组数据。

根据斯蒂芬-玻尔兹曼定律(Stefan-Boltzmann law)可知,一个黑体表面在单位时间内辐射出的总能量(称为物体的辐射度或能量通量密度)I_t 与黑体本身的热力学温度 T 的四次方成正比。

$$I_t = \varepsilon\sigma T^4 \tag{6.1}$$

式中辐射度 I_t 的单位为 $\mathrm{W/m^2}$;T 的单位为 K;ε 为黑体的辐射系数,若为绝对黑体 $\varepsilon=1$,若为灰体则 $\varepsilon<1$;σ 为斯蒂芬-玻尔兹曼常数。

当地基微波辐射计指向天空时,可观测到来自宇宙背景的微波辐射能及大气向下发出的微波辐射能。微波辐射计系统运用亮温转换函数将其接收机输出电压转换为目标物亮温(T_b),测量原理如式(6.2)所示。其中 T_c 为宇宙背景亮温,T 为大气亮温,ε 为大气的发射率(同时也是吸收率),τ 为整条路径上的衰减系数。式中等号左侧为微波辐射计观测到的亮温值;等号右侧第一项为宇宙背景亮温经整层大气衰减后到达传感器的亮温;右侧第二项为在距离 r 处大气亮温在传输路径上边吸收边衰减最终到达传感器的贡献值,如图 6.4 所示。

$$T_b = T_c \mathrm{e}^{-\tau(0,\infty)} + \int_0^{\infty} \varepsilon(r) T(r) \mathrm{e}^{-\int_0^r \varepsilon(r)\mathrm{d}r'} \mathrm{d}r \tag{6.2}$$

公式中 T_b 可由微波辐射计接收到的辐射能计算得出,T_c、τ 为近似常值,若再知道目标物的发射率 ε,即可求出目标物的亮温 T。

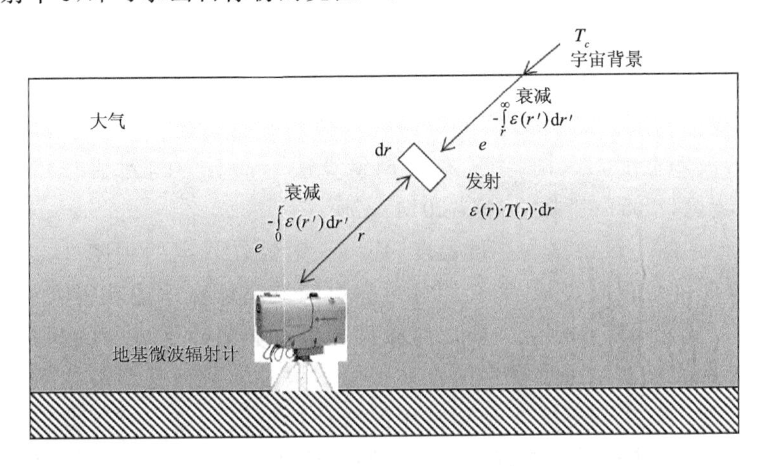

图 6.4　地基微波辐射计的工作原理

微波辐射计的主要探测目标物有两种,水汽和氧气。这两种物质在 10～80 GHz 的吸收系数如图 6.5 所示。由图可见,在频率 22.235 GHz(其波长为 1.35 cm)处,大气水汽分子具有强烈的吸收作用,而在 60 GHz 处氧气分子有很强的吸收作用,所以可用 22～30 GHz 频段来探测大气的水汽,因为在此波段下,任何高度的辐射与该高度处的温度和水汽分子密度成正比;用 51～59 GHz 频段来探测大气的温度,在此频率下,任何高度的辐射与该高度处的温度和氧气分子密度成正比。

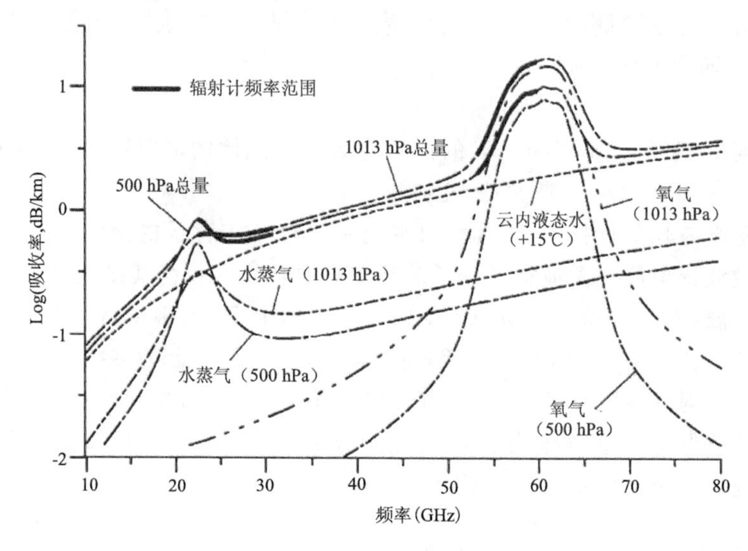

图 6.5　云、水汽和氧气的微波吸收系数

6.4　资料处理方法介绍

微波辐射计在短时间内收集到的辐射信息是多种信息的组合,这就给有效信息提取带来了很多困难。如天线罩憎水效应、鼓风机运行状态、周围电磁干扰、周边气象环境、天线波瓣宽度,云、雨特征,神经网络算法等都会影响到辐射计的测量结果(傅新姝,谈建国, 2017;王振会 等, 2014)。

辐射计得到的一级数据为亮度温度,代表辐射计在指定的频率处接收到的电磁波强度,属于非常规观测资料,需要经过对亮温的反演计算才能获得大气温、湿度垂直分布廓线以及云与降水信息。所以对微波辐射计亮温数据进行的严格控制,是后期温度、湿度廓线反演结果准确性的重要保障。微波辐射计亮温数据质量的控制方法,可以参考使用气象仪器常规观测常用的统计特征阈值法。控制方案技术路线如图 6.6 所示。对微波辐射计数据的质量控制主要通过 7 种检验即逻辑检验、极值检验、最小变率检验、时间一致性检验、空间一致性检验、辐射传输计算检验及实际探空数据检验综合完成。

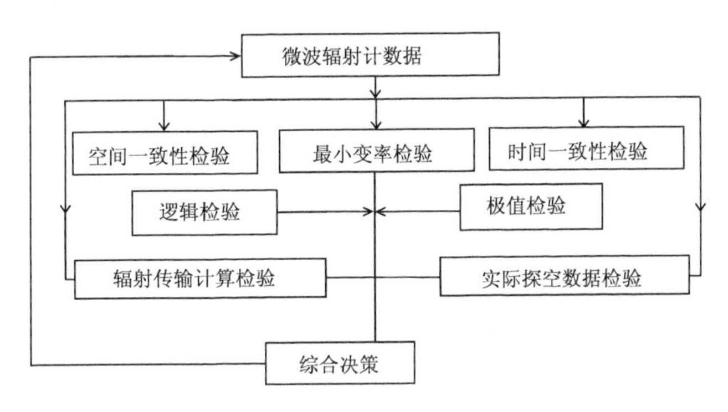

图 6.6　微波辐射计数据质量控制方案技术路线

(1)逻辑检验

对观测数据进行逻辑判断,若观测资料无实际气象意义则剔除该值。如对数据采集时间、字符、要素允许值范围的合法性进行检查。

(2)极值检验

从气候的角度来看,观测要素值应不大于气候界限值,超出气候界限值的范围为错误资料。极值检查是指观测结果值是否超过历史上该站曾出现的最高、最低值。一经发现,则需要通过分析,检验此数据是否真实。

(3)时间一致性检验

时间一致性检查适用于存在有疑问突变的廓线。微波辐射计资料时间分辨率高,观测值通常为 1 分钟一组数据。相邻时次,观测值的变化幅度应在一定范围内。若相邻时次观测值变化幅度超过其平均值 2 倍标准差,则视为可疑数据。

(4)最小变率检验

主要是检查仪器故障、传感器失灵等造成的观测参数变化太小或不变。与时间一致性检查相反,最小变率检查从观测要素时间变化率的另一个角度检查观测的合理性。

(5)空间一致性检验

亮温随高度变化具有规律性,相邻两个高度的温度差异应在一定范围内。因此,当观测数据不满足垂直一致性时,表明廓线垂直方向存在野点。需要对该值进行剔除。

(6)辐射传输计算检验

针对每个通道的亮温,利用辐射传输方程和独立来源的大气层结资料进行亮温仿真计算。在微波辐射计和辐射传输计算正常情况下,微波辐射计测量值和计算值之间的差别应该在容许范围内,否则需怀疑观测资料的合理性。

(7)实际探空数据检验

利用同时段实际探空数据与微波计辐射反演温度廓线、湿度廓线进行对比，当两者差距较大时，将微波辐射计观测值视为可疑数据。

6.5 实习内容

(1)熟悉微波辐射计的工作原理。

(2)数据格式的识别(图 6.7)。

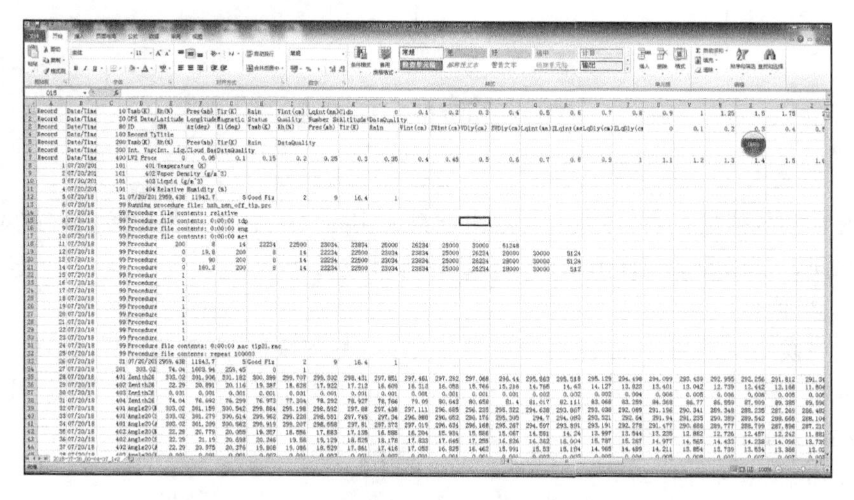

图 6.7　微波辐射计数据资料格式

(3)利用微波辐射计观测资料进行边界层温、湿度廓线结构的分析。

6.6 实习范例

6.6.1 Origin 软件的熟悉

Origin 是由 OriginLab 公司开发的一个科学绘图、数据分析软件，支持在 Microsoft Windows 下运行。软件界面结构分布如图 6.8 所示。Origin 支持各种各样的 2D/3D 图形。Origin 中的数据分析功能包括统计，信号处理，曲线拟合以及峰值分析。Origin 中的曲线拟合是采用基于 Levernberg-Marquardt 算法(LMA)的非线性最小二乘法拟合。Origin 强大的数据导入功能，支持多种格式的数据，包括 ASCII、Excel、NI TDM、DIADem、NetCDF、SPC 等等。图形输出格式多样，例如 JPEG,GIF,EPS,TIFF 等。内置的查询工具可通过 ADO 访问数据库数据。软件下载，安装过程，使用及相关问题请参见官方主页 https://www.originlab.com/。

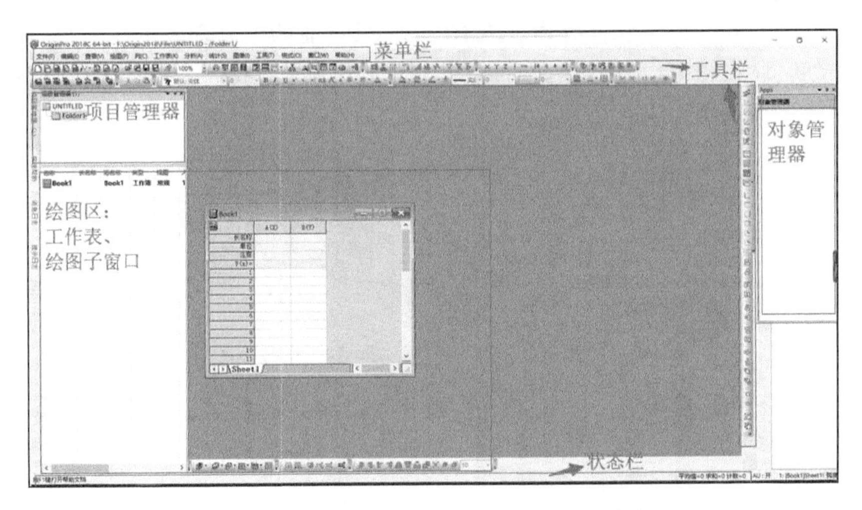

图 6.8　Origin 软件启动后各功能区的分布

6.6.2　利用 Origin 软件对微波辐射计资料进行分析

(1)在默认名为 book1 的 worksheet 中输入数据，通常默认为 A、B 两栏，如需增加数据栏，可将鼠标放在该窗口空白处上点击右键，在弹出的窗口中选择 Add New Column 即可增加一行(图 6.9)。

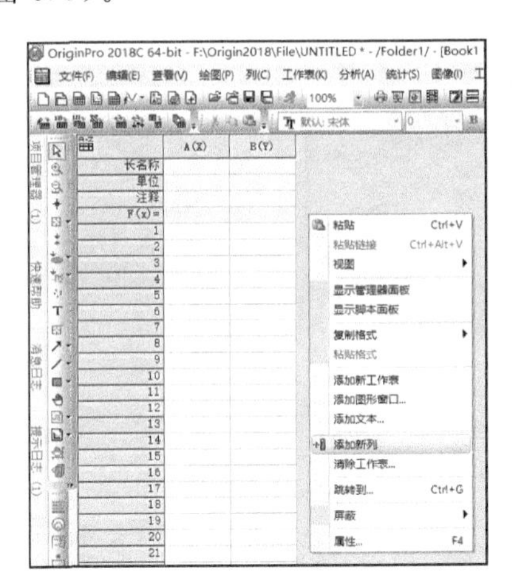

图 6.9　Origin 软件的 worksheet 区域的弹出窗口

(2)第一列数据，默认为自变量 x，其余列默认为因变量 y。如果想要改变，先选择该列，后右击，单击 set as，从中可以选择你想要的类型，如 x，y，z 等(图 6.10)。

(3)在增加好所需要的列的 worksheet 中输入数据，界面如下，数据可直接从 Excel 中复制过来(图 6.11)。

(4)图像生成。位于软件界面下方有一排按钮,前四个分别表示线形图、散点图、线性+散点、柱状图等。输入数据后,点击相应按钮,这里我们选择点线图,就可初步生成相应的图形(图 6.12)。

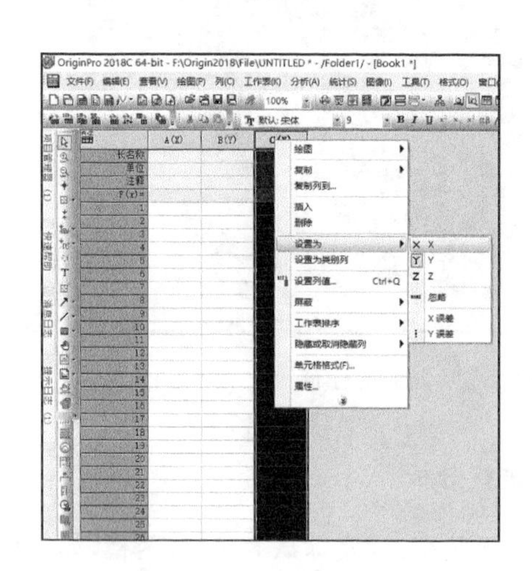

图 6.10　更改列类型的弹出窗口

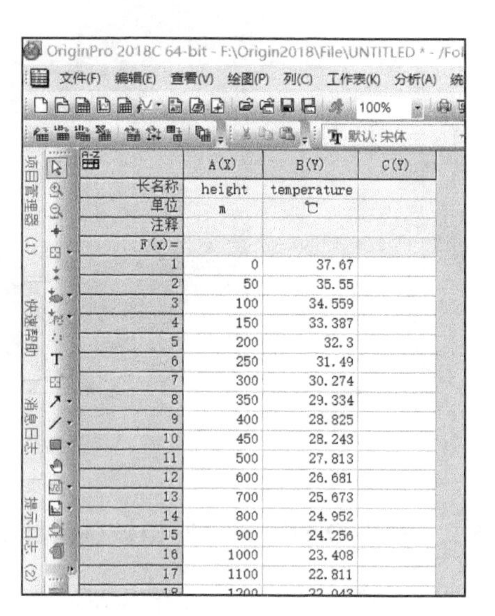

图 6.11　添加数据后的工作表

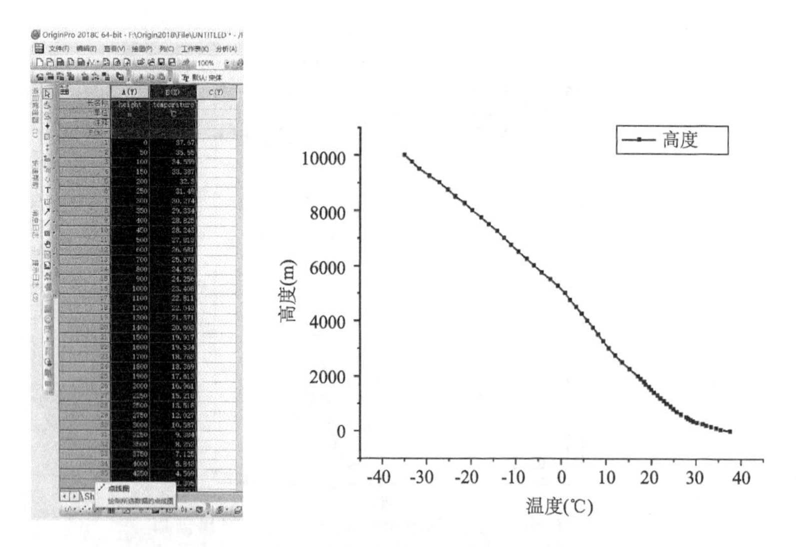

图 6.12　工作表数据选择(左)对应的点线图(右)

(5)图形修饰,只需在所要修饰的地方单击右键选择属性或双击左键,就可以对其进行更改,如刻度、数字大写、字体、线宽、图例格式等,其选择的种类以及灵活程度均高于 Excel(图 6.13,图 6.14)。(如:①双击坐标轴,设置坐标范围等内容;②双击线条，设置绘图细节；③添加标题在图层空白处点击右键，选择 Add/Modify Layer Title；④修改文本说明以及标题，直接点击文本框修改，如果想移动位置，可以用鼠标拖动。）

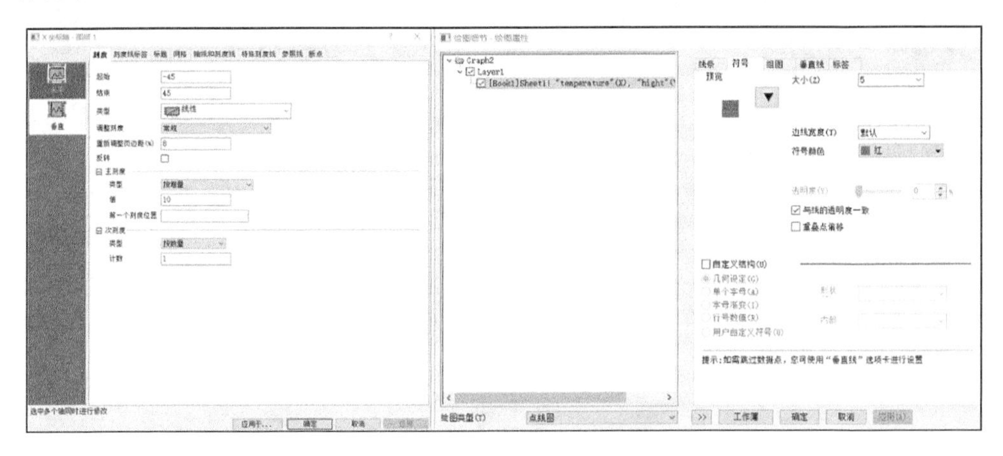

图 6.13　图形修饰界面

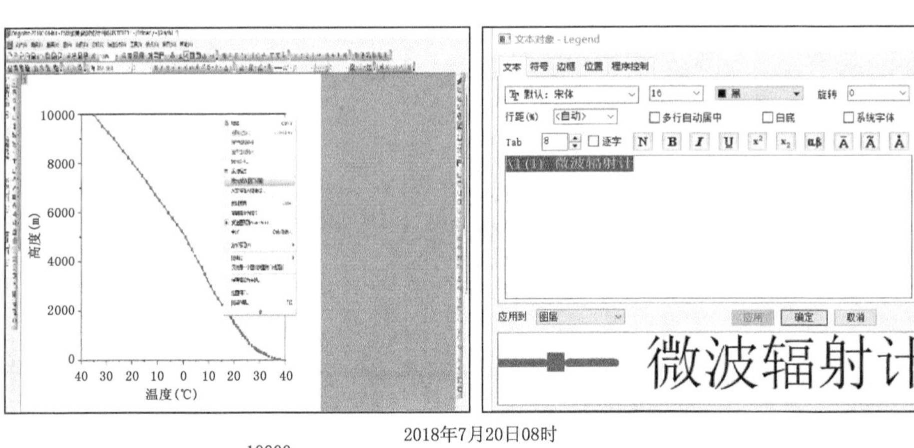

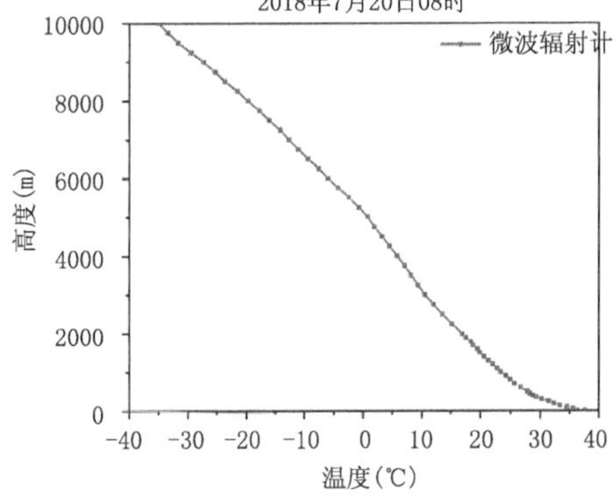

图 6.14　增加图例

(6)图形输出(图 6.15,图 6.16)。

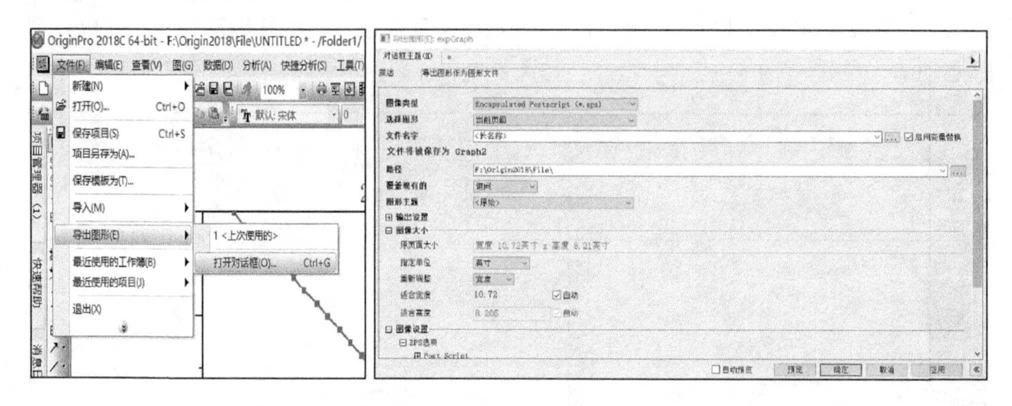

图 6.15 图片存储界面及操作

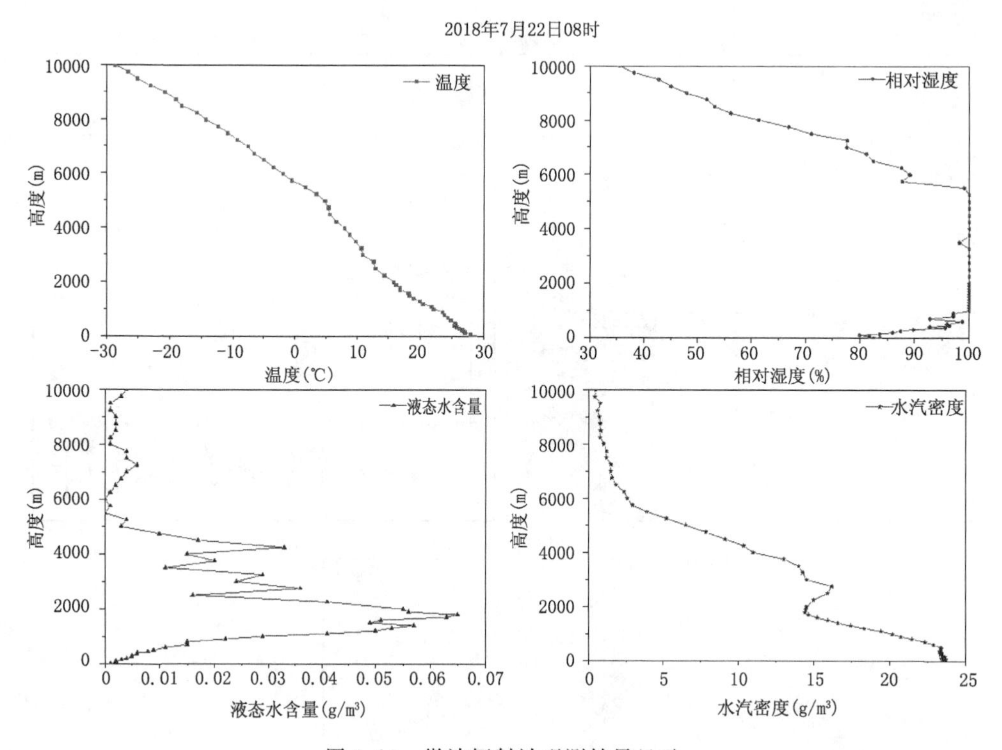

图 6.16 微波辐射计观测结果显示

6.7 实习作业

(1)对比分析微波辐射计与 L 波段探空仪得到的温、湿廓线差异。

(2)利用微波辐射计观测资料估算边界层高度。

(3)利用微波辐射计观测资料分析边界层温度的日变化结构特征。

6.8　思考题

(1)微波辐射计资料能否在有降水时使用？若能，则应需要注意什么问题？

(2)利用微波辐射计资料分析边界层垂直结构存在什么缺点？

参考文献

傅新姝，谈建国，2017. 地基微波辐射计探测资料质量控制方法[J]. 应用气象学报，(2)，209-217.

王志诚，张雪芬，茆佳佳，等，2018. 不同天气条件下地基微波辐射计探测性能比对[J]. 应用气象学报，29(03)：282-295.

王振会，李青，楚艳丽，等，2014. 地基微波辐射计工作环境对 K 波段亮温观测影响[J]. 应用气象学报，25(06)：711-721.

张瑞生，1984. 大气微波辐射计[J]. 气象科技，(5)：77-80.

张培昌，王振会，1995. 大气微波遥感基础[M]. 北京：气象出版社.

第 7 章　激光雷达对大气边界层的探测

7.1　概述

激光雷达(Light Detection And Ranging,Lidar)是一种主动式现代光学遥感设备,是传统无线电雷达或微波雷达向光学频段的延伸。激光的许多特殊性能在大气探测中都得到充分利用,比如它的高亮度、高准直性以及短脉冲特性,使该设备具备很高的探测灵敏度与时空分辨率。它的高单色性和波长的可调谐能力,使其能够探测各种大气要素。20 世纪 60 年代后,激光雷达就被广泛使用,用于测量大气中气溶胶与云的光学特性、污染气体浓度廓线、温度廓线、风廓线、水汽含量与能见度等(Frederrick,1984;阎吉祥 等, 2001)。现有的激光雷达根据工作波长的长短,可以分为以下几种:

(1)米(Mie)散射激光雷达

米散射的特点是散射粒子的尺寸与入射激光波长相近或比入射激光波长更大,其散射光波长和入射光相同,散射过程中没有光能量的交换,是弹性散射。相对其他光散射机制而言,米散射的散射截面最大,因此米散射激光雷达的回波信号通常较大,所以米散射激光雷达在技术上相对简单一些,制造成本也比其他类型的激光雷达要低。米散射激光雷达一般用于探测 30 km 以下大气中的气溶胶和云雾的光学特性(图 7.1)。

(2)瑞利(Rayleigh)散射激光雷达

瑞利散射是指激光与大气中的各种原子与分子相互作用而被散射的过程,散射粒子的尺寸比入射光的波长小。瑞利散射也是一种弹性散射过程,散射波长等于入射波长。瑞利散射激光雷达主要用于探测 30～70 km 高度的大气密度和温度分布。

(3)拉曼(Raman)散射激光雷达

拉曼散射是激光与大气中各种分子之间的一种非弹性相互作用过程,其最大特点是散射光的波长和入射光不同,如果散射波长大于入射波长,称为斯托克斯移动,反之为反斯托克斯移动。散射光波长的偏移量表征了散射分子的特性,所以拉曼光谱可以用来识别散射体,测量其数密度。拉曼散射激光雷达一般用于对大气温度、湿度以及一些污染物的测量。拉曼散射的最大缺点就是其散射截面太小,约为瑞利散

图 7.1　米散射激光雷达(CE-370-2)外观

射截面的 1/1000,因此拉曼散射激光雷达对信号检测能力的要求非常高。

(4)差分吸收激光雷达

差分吸收是指当入射激光的波长对应于原子、分子的基态与某个激发态之间的能量差时,该原子、分子对入射激光产生明显吸收的现象。差分吸收激光雷达一般用于测量大气中臭氧以及其他痕量气体,测量精度比 Raman 散射激光雷达高出约 3 个量级。其测量基本原理是:发射波长相近的两束激光,其中波长为 λ_{on} 的激光被待测气体强烈吸收,而待测气体对波长相近的 λ_{off} 激光不吸收或吸收很小,由这两个波段回波强度的差异即可确定出待测气体的浓度。

(5)共振荧光激光雷达

原子、分子在吸收入射光后再发射的光称为荧光。在共振荧光过程中,荧光波长和入射光波长相等。当入射激光的波长与被探测原子或分子能级之间的能量差不相对应时,激光与原子或分子的相互作用表现为普通的瑞利散射过程,相应的散射截面很小;当入射激光的波长与原子或分子能级之间的能量差相对应时,激光与原子或分子的相互作用过程就变为共振荧光。共振荧光截面比瑞利散射截面大得多(大十几个量级),所以可以利用在某些特定的激光波长下原子或分子发生共振荧光增强的现象来实现辨认大气组分的探测。荧光在低空很容易被碰撞过程所淬灭,而在高空大气稀薄,碰撞效应弱,故仅适用于高空探测。当前的共振荧光激光雷达的探测高度一般在 80～110 km,这一层多为各种金属原子,其中钠原子具有较大的共振荧光截面、较大的粒子数密度以及最合适的共振荧光波长,因此最先实现了对高空钠层的激光雷达探测。

(6)多普勒测风激光雷达

多普勒测风激光雷达利用光的多普勒效应,测量激光光束在大气中返回的光波信号的多普勒频移来反演空间的风速分布。与传统的测风手段相比,多普勒测风激光雷达有着较高的时空分辨率以及能够提供风场的三维信息等突出的优点。根据探测方式的不同又可将多普勒测风激光雷达分为两类:相干(外差)探测和非相干(直接)探测。相干探测测量的是回波信号和发射信号之间的差频信号,而非相干探测测量的是回波信号和发射信号的相对能量变化。通常采用相干探测技术会得到较高精度的对流层风场信息,非相干探测技术的长处在于更高的探测高度(对流层至平流层),但精度稍低,二者互有所长。

上述的米散射激光雷达与多普勒测风激光雷达已经在边界层研究中发挥了重要的作用,这其中米散射激光雷达由于成本低以及适用于大气环境与云自动化观测的优势,近几年在我国气象局、环保局以及高校研究所得到了普遍的应用(戴永江,2002),以下以米散射激光雷达为例介绍其工作原理与数据处理方法。

7.2 实习目的

近些年,米散射激光雷达在气溶胶、云等方面的研究中得到了广泛的应用,并取得了丰硕的成果。

本章实习目的:

(1)熟悉激光雷达工作原理;

(2)了解激光雷达资料的处理;

(3)利用激光雷达资料对边界层顶及气溶胶的垂直结构进行分析。

7.3 仪器介绍

激光雷达系统通常由三大部分组成,这里以 CE-370-2 型米散射激光雷达为例进行介绍。

(1)发射系统

包括激光与发射器。采用 Nd:YAG(掺钕钇铝石榴石)固态激光器,激光频率 4.7 kHz 左右,激光波长 532 nm,单次脉冲的能量大约为 14 μJ,脉冲宽度小于 15 ns。激光器发出的激光束经发射望远镜后射向大气,望远镜起到了扩束、准直的作用,使得激光束的发散度仅为55 μrad。发射望远镜为希麦(Cimel)设计的直径 20 cm 的折射望远镜。

(2)接收器

接收望远镜与发射望远镜共轴,它将接收到的发散光会聚成平行光,经光纤传输后再依次通过高精度窄带滤光片、声—光调节器后到达雪崩光电二极管光子计数器，由此将光信号转换为电信号存储下来。这里光纤长 10 m，透过率 0.775。滤光片的中心波长为 532 nm，带宽为 0.2 nm，透过率 0.25。这种滤光片在与 55 μrad 的望远镜配合使用后可大大削弱太阳背景光与多次散射的影响，增强了该激光雷达的白昼探测能力。

(3)探测器与数据采集系统

这里用的是雪崩光电二极管探测器，它捕获光子的概率为 55%，最大计数率为 20 MHz。雷达附带一个数据采集软件，通过该软件可以将采集到的数据存储到与雷达相连的 PC 机上。

该激光雷达的垂直分辨率为 15 m(对应的单通道采样时间为 100 ns)，相邻两次脉冲间的间隔为 212 μs，允许探测的最大高度为 30 km。当激光频率设为 4.7 kHz，视场角 55 μrad，滤片透过带宽 0.2 nm 时，信噪比达最佳。

激光雷达工作流程如图 7.2 所示，激光器发出激光后通过光纤进入望远镜，经望远镜扩束、准直后射向大气，激光在大气中的气溶胶粒子以及空气分子作用下发生散射，经散射返回的激光信号经望远镜汇聚后进入光纤，经过光纤后再依次通过滤光片、声—光调节器后进入雪崩光电二极管探测器，将光信号转换成电信号后存储到 PC 机上。利用发射激光脉冲到达目标物并返回至雷达的时间可计算出散射目标物的距离。激光雷达首先观测到的是后向散射光信号强度随散射距离或离地高度的分布，通过专门的反演计算可以获得不同高度大气气溶胶消光吸收系数的垂直分布，而这个垂直分布反映了大气气溶胶的垂直分布状况以及大气边界层的结构特征。

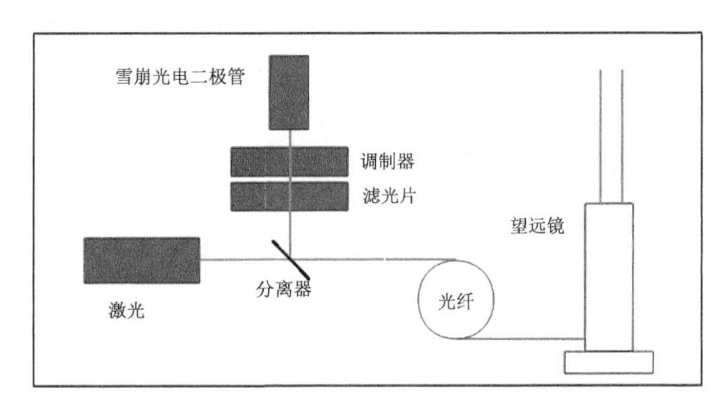

图 7.2　激光雷达工作流程

激光雷达接收到的回波数据都是能量值，需要通过求解雷达方程来反演得到大气要素值，比如气溶胶的消光系数、边界层高度等。

米散射激光雷达方程可写为

$$P(Z)=ECZ^{-2}\beta(Z)e^{[-2\int_0^Z\sigma(Z')\mathrm{d}Z']}\tag{7.1}$$

其中：$P(Z)$为激光雷达接收到高度 Z 处的大气后向散射回波信号的能量；E 为激光雷达的发射能量；C 为雷达常数；$\beta(Z)$为大气后向散射系数；$\sigma(Z')$为大气消光系数。

晴空条件下参与光散射的大气散射体包括空气分子和大气气溶胶。因此，探测晴空条件的大气气溶胶时，大气的消光系数 σ 为气溶胶消光系数 σ_1 与空气分子的消光系数 σ_2 两部分之和，即

$$\sigma=\sigma_1+\sigma_2 \tag{7.2}$$

相应地，大气的后向散射系数 β 也为气溶胶后向散射系数 β_1 和空气分子后向散射系数 β_2 之和

$$\beta=\beta_1+\beta_2 \tag{7.3}$$

将消光系数 σ 随高度积分可以得到光学厚度

$$\tau(Z_1-Z_2)=\int_{Z_1}^{Z_2}\sigma(Z')\mathrm{d}Z' \tag{7.4}$$

消光后向散射比 s 是一个非常重要的参数，它是消光系数与后向散射系数的比值，即

$$s=\sigma/\beta \tag{7.5}$$

对气溶胶与空气分子则分别有

$$s_1=\sigma_1/\beta_1 \tag{7.6}$$

$$s_2=\sigma_2/\beta_2 \tag{7.7}$$

这样方程(7.1)就可写为

$$P(Z)=ECZ^{-2}[\beta_1(Z)+\beta_2(Z)]\mathrm{e}^{\{-2\int_0^Z[\sigma_1(Z')+\sigma_2(Z')]\mathrm{d}Z'\}} \tag{7.8}$$

由式(7.8)可见，一个方程中含有两个未知量 $\beta(Z)$与 $\sigma(Z')$，这是求解米散射激光雷达方程的难点。如何处理这个问题，许多学者提出了多种不同的方法，其中比较常用的有 3 种，科里斯(Collis)斜率法，凯利特(Klett)方法和弗纳尔德(Fernald)方法。其中科里斯斜率法由于应用条件苛刻而很少采用，当前应用较多的是后两种算法，本章以弗纳尔德算法为例进行介绍。

弗纳尔德方法，将大气看成两部分，空气分子与气溶胶。认为大气消光系数(或后向散射系数)是空气分子的消光系数(或后向散射系数)与气溶胶消光系数(或后向散射系数)的和，在此基础之上给出了米散射激光雷达方程的解如下。

如果事先知道高度 Z_c 处气溶胶粒子和空气分子消光系数，则 Z_c 以下各高度上的气溶胶粒子消光系数(后向积分)为：

$$\sigma_1(Z)=-\frac{s_1}{s_2}\cdot\sigma_2(Z)+\frac{X(Z)\cdot\mathrm{e}^{[2(\frac{s_1}{s_2}-1)\int_Z^{Z_c}\sigma_2(Z')\mathrm{d}Z']}}{\dfrac{X(Z_c)}{\sigma_1(Z_c)+\frac{s_1}{s_2}\sigma_2(Z_c)}+2\int_z^{z_c}X(Z')\mathrm{e}^{[-2(\frac{s_1}{s_2}-1)\int_Z^{Z_c}\sigma_2(Z')\mathrm{d}Z'']\mathrm{d}Z'}} \tag{7.9}$$

而 Z_c 以上各高度的气溶胶粒子消光系数（前向积分）为：

$$\sigma_1(Z) = -\frac{s_1}{s_2} \cdot \sigma_2(Z) + \frac{X(Z) \cdot e^{\left[-2\left(\frac{s_1}{s_2}-1\right)\int_{Z_c}^{Z}\sigma_2(Z')dZ'\right]}}{\dfrac{X(Z_c)}{\sigma_1(Z_c)+\dfrac{s_1}{s_2}\sigma_2(Z_c)} - 2\int_{z_c}^{z} X(Z') e^{\left[-2\left(\frac{s_1}{s_2}-1\right)\int_{Z_c}^{Z}\sigma_2(Z')dZ''\right]} dZ'} \tag{7.10}$$

这里下标 1、2 分别表示气溶胶与空气分子；$s=\sigma/\beta$；$X(Z)=P(Z)Z^2$；s_1 需假定（一般在 20～70 sr 之间取值）；$s_2=8\pi/3$；$\sigma_2(Z)$ 可以根据瑞利散射理论由美国标准大气模式提供的空气分子密度的垂直廓线计算得到，也可以由探空资料计算获得，或者也可以引用 LOWTRAN7 的结果。Z_c 为标定高度，它是通过选取近乎不含气溶胶粒子的清洁大气层所在的高度来确定。对于 532 nm 波长的激光雷达，$\sigma_1(Z_c)$ 由设定的气溶胶散射比 $1+\beta_1(Z_c)/\beta_2(Z_c)=1.01$ 来确定（有时设定为 1.02）。

应用弗纳尔德方法来求解激光雷达方程时，激光雷达比（即气溶胶消光后向散射比）s_1 与边界值 $\sigma_1(Z_c)$ 是重要的误差产生源。其中 s_1 依赖于气溶胶粒子的尺度谱分布、折射指数、形态及组分，其变化范围很广，很难精确确定其垂直分布廓线。所以一般认为米散射激光雷达只能用于半定量测量气溶胶光学特性。

7.4　资料处理方法介绍

在处理激光雷达的信号数据时，必须先订正有关雷达因子，即探测器延时订正、背景噪音订正、后脉冲订正、几何重叠因子订正、距离偏移订正、距离订正以及其他一些与设备相关的因子如光纤与滤光片的透过率、望远镜镜面有效面积等。

7.4.1　探测器延时订正

当探测器接收到较强的光信号时，探测器的响应并不能正确的反映实际入射光子数，探测器的输出值一般会小于实际光子数。通过探测器的延时订正函数 $D[n(z')]$ 可以消除这个影响。

7.4.2　背景噪音订正

当雷达在白天工作时，太阳光谱中的 532 nm 光信号也会进入雷达接收系统，使得雷达回波偏大，这就是背景噪音。在夜晚工作时，背景噪音可视为零。此外背景噪音还包括了光子探测器的暗计数。

7.4.3　后脉冲订正

激光在光纤内传输时会有部分光接触光纤内壁并反射回探测器，这个回波信号强度与出射的脉冲能量成正比，且随时间衰减。这种能量大得足以在瞬间使光电二极管饱和，使信号失真，这就是所谓的后脉冲影响，在数据的后处理过程中必须要考虑到这个影响。后脉冲可以通过实验测量获得，利用黑色遮蔽物盖住望远镜，然后持续发射激光脉冲一段时间，这样得到的数据就是后脉冲数据，在后续的数据处理中要减去这个数值。

7.4.4 几何重叠因子订正

几何重叠因子$O_c(z)$有时也称为充满系数、几何因子。从原则上讲，接收视场角应略大于激光束的发散角，这样回波信号就能完全进入接收望远镜。然而在测量近地层气溶胶时，由于发射系统和接收系统的不同轴或其他光学系统的影响，使得接收望远镜在某段距离上只能接收到部分的回波信号，给测量结果带来一定的误差，因此需要对其进行修正，这个修正因子就叫几何因子。

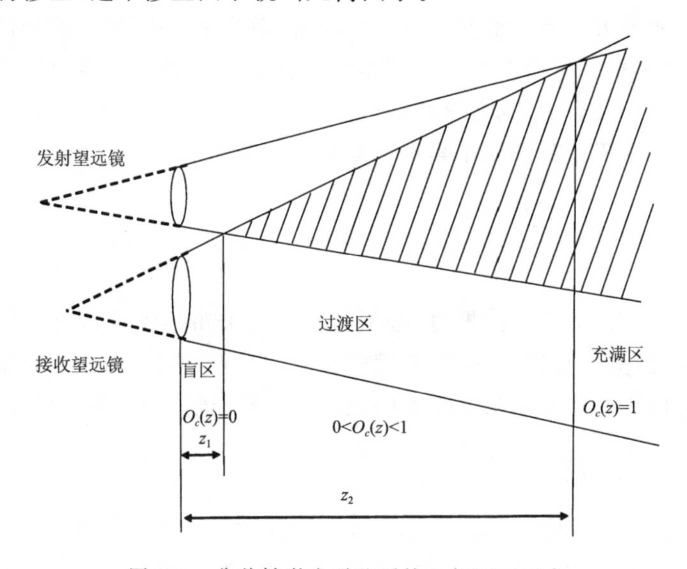

图 7.3 非共轴激光雷达系统几何因子示意

对于非共轴雷达系统，如图 7.3 所示。当$z\leqslant z_1$时，$O_c(z)=0$，称为探测盲区，z_1为盲区距离，此时接收望远镜收不到大气激光回波信号；当$z_1<z<z_2$时，$0<O_c(z)<1$，称为过渡区，此时部分激光回波信号进入接收望远镜，激光能量有效利用率随距离逐渐增加；当$z\geqslant z_2$时，$O_c(z)=1$，称为充满区，激光能量全部被利用，z_2称为充满区距离。在处理数据时，需要对几何重叠因子进行订正，以归一到$O_c(z)=1$时大气回波信号全部接收的状况。

对于收发共轴的激光雷达系统，从原则上讲只要接收视场角大于等于激光束的发散角，$O_c(z)$应总为 1，但由于望远镜中常常存在某些光学元件(如导光镜、某些支架等)，使得近距离处的激光回波信号不能被全部接收，故近距离处 $O_c(z)<1$。

可以采用实验方法来确定几何重叠因子，选择大气干净、能见度高并且水平大气均匀的夜晚，让激光雷达呈水平指向，持续发射激光脉冲一段时间，对采集到的大气回波信号进行处理就可以得到几何重叠因子。

7.4.5　距离偏移订正

雷达系统的发射器与接收器应同步工作，但在实际中却做不到，这就是所谓的距离偏移，偏移量 Δz_0 为定值，在订正时需减去 Δz_0。

7.4.6　距离订正

接收望远镜接收激光回波信号，越远处回来的信号能量会越弱，衰减率与距离平方成反比，故需要对回波数据进行距离订正。这个订正过程较简单，只需将各高度上的回波能量乘上该距离的平方即可。

图 7.4 给出了激光雷达原始信号廓线、经过以上订正之后的信号廓线以及最终反演出的气溶胶消光系数廓线。

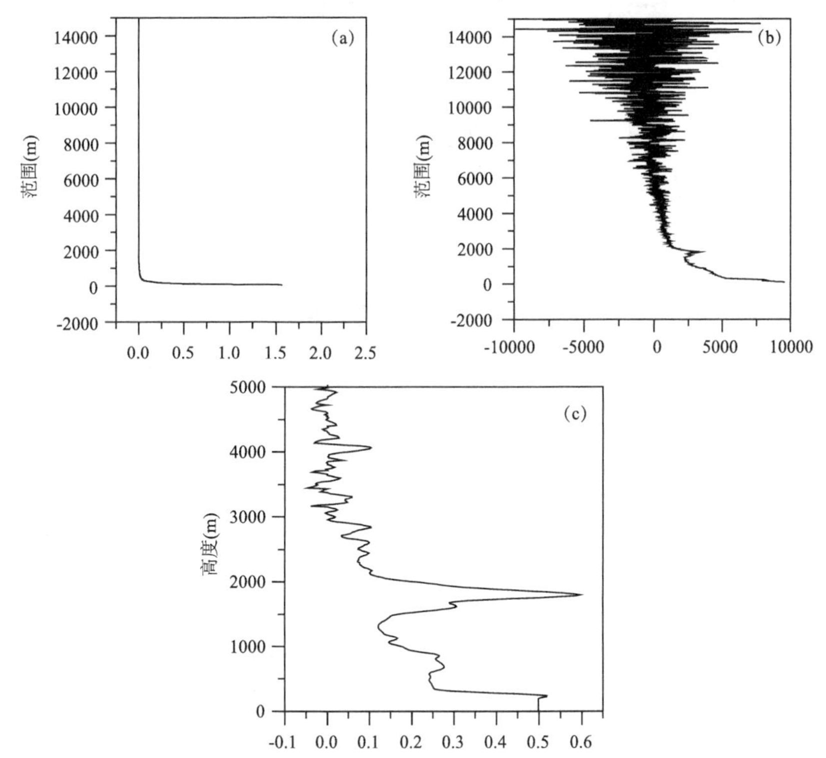

图 7.4　激光雷达给出的原始信号廓线(a)、订正后廓线(b)、反演出的气溶胶消光系数廓线(c)

7.5　实习内容

(1)熟悉激光雷达的工作原理。

(2)数据格式的识别(图 7.5)。

Range	Altitude	Corrected Data	Total Backscatter	Particule Backscatter	Total Extinction	Particle Extinction	BSR
0.0000E+0	0.0000E+0	0.0000E+0	0.0000E+0	0.0000E+0	0.0000E+0	0.0000E+0	0.0000E+0
1.5000E+1	1.5000E+1	0.0000E+0	0.0000E+0	0.0000E+0	0.0000E+0	0.0000E+0	0.0000E+0
3.0000E+1	3.0000E+1	0.0000E+0	0.0000E+0	0.0000E+0	0.0000E+0	0.0000E+0	0.0000E+0
4.5000E+1	4.5000E+1	0.0000E+0	0.0000E+0	0.0000E+0	0.0000E+0	0.0000E+0	0.0000E+0
6.0000E+1	6.0000E+1	0.0000E+0	0.0000E+0	0.0000E+0	0.0000E+0	0.0000E+0	0.0000E+0
7.5000E+1	7.5000E+1	0.0000E+0	0.0000E+0	0.0000E+0	0.0000E+0	0.0000E+0	0.0000E+0
9.0000E+1	9.0000E+1	0.0000E+0	0.0000E+0	0.0000E+0	0.0000E+0	0.0000E+0	0.0000E+0
1.0500E+2	1.0500E+2	6.3479E+3	9.2582E-6	1.2308E-6	4.5651E-4	5.5142E-5	1.1533E+0
1.2000E+2	1.2000E+2	6.5118E+3	9.5361E-6	1.5197E-6	4.7012E-4	6.9301E-5	1.1896E+0
1.3500E+2	1.3500E+2	6.5889E+3	9.6918E-6	1.6863E-6	4.7770E-4	7.7426E-5	1.2106E+0
1.5000E+2	1.5000E+2	6.6162E+3	9.7769E-6	1.7823E-6	4.8180E-4	8.2067E-5	1.2229E+0
1.6500E+2	1.6500E+2	6.6005E+3	9.7998E-6	1.8161E-6	4.8282E-4	8.3637E-5	1.2275E+0
1.8000E+2	1.8000E+2	6.5781E+3	9.8131E-6	1.8403E-6	4.8337E-4	8.4731E-5	1.2308E+0
1.9500E+2	1.9500E+2	6.5499E+3	9.8179E-6	1.8559E-6	4.8350E-4	8.5401E-5	1.2331E+0
2.1000E+2	2.1000E+2	6.5346E+3	9.8423E-6	1.8912E-6	4.8459E-4	8.7038E-5	1.2378E+0
2.2500E+2	2.2500E+2	6.4593E+3	9.7756E-6	1.8353E-6	4.8120E-4	8.4187E-5	1.2311E+0
2.4000E+2	2.4000E+2	6.3836E+3	9.7067E-6	1.7772E-6	4.7770E-4	8.1226E-5	1.2241E+0
2.5500E+2	2.5500E+2	6.3514E+3	9.7028E-6	1.7841E-6	4.7740E-4	8.1466E-5	1.2253E+0
2.7000E+2	2.7000E+2	6.2996E+3	9.6687E-6	1.7608E-6	4.7561E-4	8.0215E-5	1.2227E+0
2.8500E+2	2.8500E+2	6.2869E+3	9.6942E-6	1.7971E-6	4.7675E-4	8.1894E-5	1.2276E+0
3.0000E+2	3.0000E+2	6.2018E+3	9.6074E-6	1.7210E-6	4.7237E-4	7.8052E-5	1.2182E+0
3.1500E+2	3.1500E+2	6.1924E+3	9.6370E-6	1.7615E-6	4.7371E-4	7.9932E-5	1.2237E+0
3.3000E+2	3.3000E+2	6.1493E+3	9.6142E-6	1.7493E-6	4.7247E-4	7.9230E-5	1.2224E+0
3.4500E+2	3.4500E+2	6.1680E+3	9.6886E-6	1.8344E-6	4.7601E-4	8.3302E-5	1.2336E+0
3.6000E+2	3.6000E+2	6.0412E+3	9.5333E-6	1.6899E-6	4.6826E-4	7.6093E-5	1.2155E+0
3.7500E+2	3.7500E+2	6.0258E+3	9.5522E-6	1.7195E-6	4.6907E-4	7.7434E-5	1.2195E+0
3.9000E+2	3.9000E+2	6.0297E+3	9.6024E-6	1.7803E-6	4.7142E-4	8.0312E-5	1.2276E+0
4.0500E+2	4.0500E+2	5.9853E+3	9.5760E-6	1.7646E-6	4.6999E-4	7.9424E-5	1.2259E+0
4.2000E+2	4.2000E+2	5.9186E+3	9.5127E-6	1.7119E-6	4.6676E-4	7.6726E-5	1.2195E+0
4.3500E+2	4.3500E+2	5.9512E+3	9.6092E-6	1.8191E-6	4.7137E-4	8.1867E-5	1.2335E+0
4.5000E+2	4.5000E+2	5.9137E+3	9.5936E-6	1.8141E-6	4.7048E-4	8.1504E-5	1.2332E+0
4.6500E+2	4.6500E+2	[illegible]	[illegible]	[illegible]	[illegible]	[illegible]	[illegible]

图 7.5　某型激光雷达数据资料格式

(3)利用原始激光雷达资料计算消光系数。

订正原始信号数据,利用弗纳尔德算法进行反演处理,计算得到气溶胶消光系数廓线。

(4)分析讨论大气边界层高度的日变化特征。

利用梯度法对激光雷达数据进行处理,计算得到大气边界层高度(贺千山,毛节泰, 2005)。

激光雷达探测大气边界层的基本原理就是以大气气溶胶为示踪物。其具体思想如下:地面气溶胶在湍流作用下被扩散至整个边界层内,由于在混合层顶部往往会有一个逆温层,它阻碍了气溶胶往上发展至自由大气层,所以气溶胶会在混合层顶部积累起来,激光雷达发射的激光束会与其发生散射,气溶胶的信息就会在回波信号中体现出来,最后再根据这样的回波信号分析边界层的结构特征。

利用激光雷达的回波信号获取边界层高度的方法主要有梯度法、变分法(Variation Method)、观察法以及拟合法等多种方法。以下介绍最简单的梯度法。

先对激光雷达的距离平方订正后的回波廓线 RCS(Range Corrected Signal)进行平滑,以去除信号随机起伏带来的影响,然后再对其求一阶导数(CSG,the gradient of the range corrected signal),CSG 会出现一个极小值,同时在气溶胶消光系数

廓线上也对应有明显的削减，这个一阶导数出现最小值和气溶胶消光系数明显变小的位置就认为是大气边界层的高度，计算式如下

$$CSG = \frac{d}{dZ}(\lg(RCS)) = \frac{d}{dZ}(\lg(P(Z)Z^2) \tag{7.11}$$

$P(Z)Z^2$ 就是雷达经距离平方订正后的回波信号廓线。

图 7.6 为 2008 年 11 月 3—5 日在安徽寿县观测的激光雷达后向散射回波衰减信噪比等值填色图，红色的线条为大气边界层顶所在的位置。

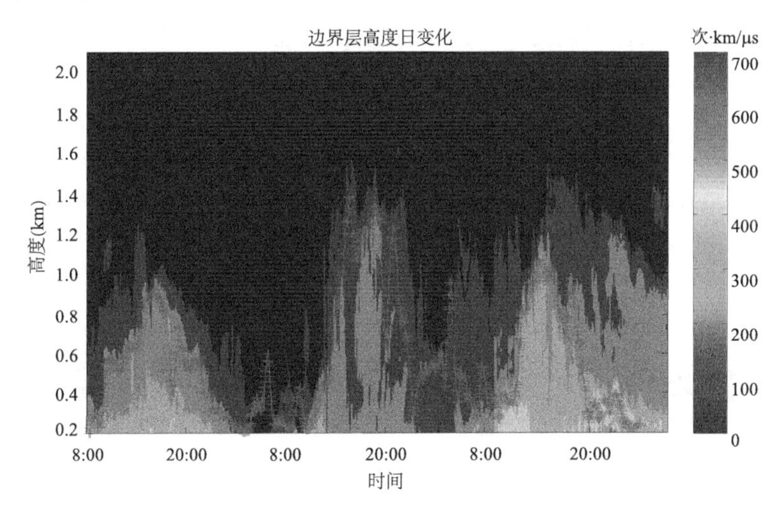

图 7.6 2008 年 11 月 3—5 日安徽寿县大气边界层高度的日变化特征(附彩图)

7.6 实习范例

利用 Fortran 软件处理激光雷达资料，并绘制图像(图 7.7)。Fortran 程序如下。

! This program is used to retrieve the extinction coefficient and backscatter coefficient of aerosol

! This program is based on Fernald method

! chapr2(i) is the signal calibrated from background noise, overlap function, and range 2

! alfa2(i) is extinction coefficient of air molecule derived from USSA1976

! beta2(i) is backscatter coefficient of air molecule derived from USSA1976

! alfa1(i) is extinction coefficient of aerosol

! beta1(i) is backscatter coefficient of os aerosol

! S2 is extinction to backscatter ratio of air molecule

! S1(i) is extinction to backscatter ratio of aerosol

```
! z(i),z1(i),z2(i) are altitudes

real chapr2(1000),S2
*, Z1(1000),alfa2(1000),z(1000),z2(1000)
*, beta2(1000),S1(1000),alfa1(1000),beta1(1000)
integer i,minbi,bi,i2
double precision a1,a2,a3
open(1,file='20170316092017.txt',status='old')
open(3,file='alfa2.dat',status='old')
open(4,file='beta2.dat',status='old')
open(9,file='alfa1.dat')
open(10,file='beta1.dat')
S2=8.*3.1415926/3.
  do i=1,1000
     read(1,*) Z(i),chapr2(i)
     read(3,*) Z1(i),alfa2(i)
     read(4,*) Z2(i),beta2(i)
     end do

  do i=1,1000
    S1(i)=40.
  enddo !!! i
  minbi=20
  do i=20,500
     if(chapr2(minbi)>chapr2(i))then
        minbi=i
     endif
     if(chapr2(i).eq.0) then
        bi=i
       goto 20
     endif
  enddo
     bi=minbi          ! choose boundary
20   write(*,*) chapr2(bi),z1(bi)   !
     ! bi=100            ! you can use this to determine the boundary manually
```

```
  ! alfa1(bi)=0.05 * alfa2(bi)     ! the method 1 to determine boundary value which is adopted by lidar producer
!       alfa1(bi-3)=0.5 * log((chapr2(4)+chapr2(5)+chapr2(6)+chapr2(7)+
!        *          chapr2(8))/(chapr2(bi-5)+chapr2(bi-4)+chapr2(bi-3)+
!        *          chapr2(bi-2)+chapr2(bi-1)))/((bi-3.0-4.0) * 15.0)
  ! the slope method 2 used to determine boundary value. You can choose either of these two methods

   alfa1(bi-3)=0.5 * log((chapr2(4)+chapr2(5)+chapr2(6)+chapr2(7)+
     *          chapr2(8))/(chapr2(bi-5)+chapr2(bi-4)+chapr2(bi-3)+
     *          chapr2(bi-2)+chapr2(bi-1)))/((bi-3.0-4.0) * 15.0)
  do i2=bi-3,2,-1  !   Zc in the number bi-3
  a1=chapr2(i2-1) * exp((S1(i2)-S2) * (beta2(i2-1)+beta2(i2)) * 0.03)
  a2=chapr2(i2)/(alfa1(i2)+(S1(i2)/S2) * alfa2(i2))
  a3=(chapr2(i2)+a1) * 0.03
  alfa1(i2-1)=a1/(a2+a3)-(S1(i2)/S2) * alfa2(i2-1)
  enddo
  do i2=bi-3,999  !   Zc in the number bi-3
  a1=chapr2(i2+1) * exp(-(S1(i2)-S2) * (beta2(i2+1)+beta2(i2)) * 0.03)
  a2=chapr2(i2)/(alfa1(i2)+(S1(i2)/S2) * alfa2(i2))
  a3=(chapr2(i2)+a1) * 0.03
  alfa1(i2+1)=a1/(a2-a3)-(S1(i2)/S2) * alfa2(i2+1)
  enddo
  do i=1,1000
  beta1(i)=alfa1(i)/S1(i)
! write(9,100) alfa1(i),Z1(i)
! write(10,100) beta1(i),Z1(i)
  write(9, * ) alfa1(i),Z1(i)
  write(10, * ) beta1(i),Z1(i)
  enddo

! 100   format(1x,e15.7,2x,f5.2)
        close(1)
  close(3)
  close(4)
```

```
close(9)
close(10)
end
```

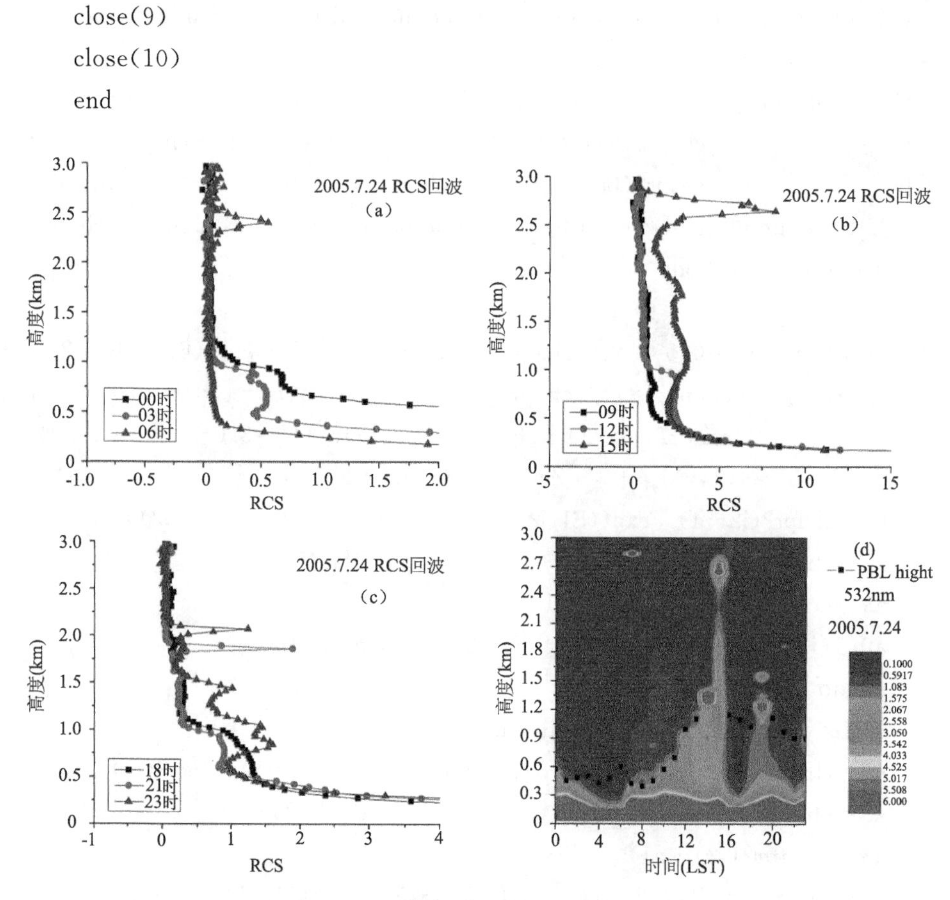

图 7.7 2005 年 7 月 24 日南京地区不同时刻边界层结构(a)(b)(c)及 RCS 24 小时时序演变(d)

7.7 实习作业

(1)利用激光雷达原始资料计算消光系数。

(2)利用激光雷达回波功率分析讨论边界层高度的日变化特征。

7.8 思考题

(1)激光雷达资料是否可以在降水条件下使用？若可以，则需注意哪些问题？

(2)利用激光雷达资料分析边界层垂直结构，存在哪些缺点？

参考文献

阎吉祥，龚顺生，刘智深，2001. 环境监测激光雷达[M]. 北京：科学出版社.

戴永江，2002. 激光雷达原理[M]. 北京：国防工业出版社.

贺千山，毛节泰，2005. 北京城市大气混合层与气溶胶垂直分布观测研究[J]. 气象学报，63(3)：374-384.

Frederrick G F, 1984. Analysis of atmospheric lidar observations: some comments[J]. Appl Opt 23:652-661.

第 8 章　飞机对大气边界层气象要素的测量

8.1　概述

基于飞机平台的探测、监测与遥感测量技术是当今科技发展的一项前沿技术。飞机气象观测的项目一般包括：飞机位置、时间、温度、相对湿度、水平风矢量、垂直阵风、湍流扩散率等。如果对飞机进行特殊改装，观测内容还可以包括大气气溶胶、水汽含量、云粒子及降水粒子特征等。不同于其他气象观测手段，飞机不仅可以用于垂直廓线探测，还可用于水平面上的往返探测。所测气象要素的空间分辨率为 10～10^2 m，时间分辨为秒量级。现阶段，用于气象观测的飞机主要有以下三大类：(1)民航飞机；(2)无人机；(3)专业飞机。

大多数民航飞机都装有气象传感器和自动数据收集、处理系统，可以将飞行过程中观测的气象数据进行收集整理。通过世界气象组织的 AMDAR(Aircraft Meteorological Data Relay)计划，实现各国飞机观测资料的共享。由于民航飞机在起飞和着陆过程中必须经过边界层，因此，AMDAR 数据在边界层结构探测、天气预报和航线气象服务中发挥了很大的作用(廖捷，熊安元，2010)。

无人机是无人驾驶飞机的简称(unmanned aerial vehicle，UAV)，是利用无线电遥控设备和自备的程序控制装置的不载人飞机，包括无人直升机、固定翼飞行器、多旋翼飞行器等。由于无人机具有性价比高，操作方便灵活，装备方便等优势，使得无人机在常规气象要素探测、大气污染物浓度探测、人工影响天气、台风结构识别等方面获取了大量宝贵资料。

专业飞机通常将小型运输机或直升飞机进行特殊改装，在飞机上装备先进的大气、云物理探测设备与 GPS 定位等系统，这种飞机常用在云雾物理观测、人工影响天气以及大气环境观测等方面。图 8.1 为改装后的国产 8 旋翼无人机和运-12 专业气象探测飞机。

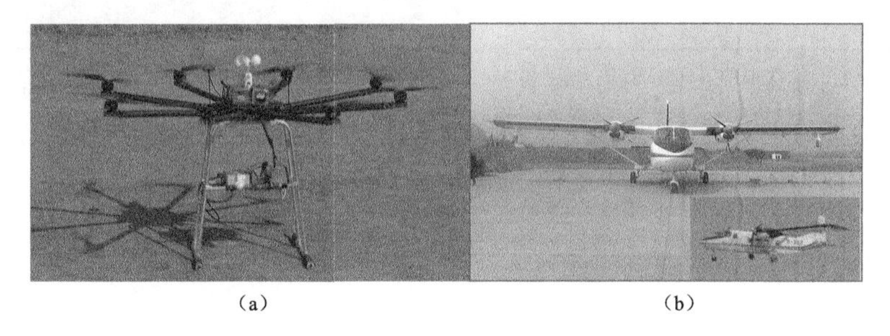

(a)　　(b)

图 8.1　国产 8 旋翼无人机(a)和运-12 型专业气象探测飞机(b)

8.2　实习目的

飞机探测作为一项新的气象探测技术，综合了飞行器、计算机、全球定位系统、通讯、气象探测等诸多学科先进技术，正处于一个快速发展时期。由于其灵活性高，操作简单方便在很大程度上弥补了常规探测手段的不足，尤其是在边界层中上部(100～1 000 m)的研究中，发挥了很大的作用。因此如何充分利用飞行器的各种优势，获取有效的边界层探测资料、了解边界层物理过程是本章的主要目的。

本章实习目的：

(1)飞机探测工作原理的熟悉；

(2)飞机探测资料的处理方法熟悉；

(3)利用飞机资料对大气边界层温度、湿度、污染物垂直结构进行分析。

8.3　仪器简介

8.3.1　机型简介

(1)专业气象探测飞机。目前我国的特种大气物理探测飞机多应用于气象探测及人工影响天气作业，表 8.1 给出了几种机型的性能参数。

表 8.1　目前我国使用的各型专业气象探测飞机性能参数

机型	空中国王 350ER (KingAir)	夏延ⅢA (Cheyenne)	新舟(Modern Ark)		运-12	运-8	运-7	安-26
			MA-60	MA-600				
最大载重(kg)	1270	1872	5500	5500	1700	2000	4700	8000
最大起飞重量(kg)	7484	5080	21800	21800	5000	61000	21800	21000
最大载油量(kg)	2355	1659	4030	4030	1230	22909	4790	4800
机长(m)	14.22	13.27	24.71	24.71	14.86	34.02	23.7	23.8

续表

机型	空中国王 350ER (KingAir)	夏延ⅢA (Cheyenne)	新舟(Modern Ark) MA-60	新舟(Modern Ark) MA-600	运-12	运-8	运-7	安-26
机高(m)	4.37	4.54	8.853	8.86	5.575	11.16	8.55	8.57
翼展(m)	17.65	14.58	29.2	29.2	17.24	38.0	29.2	29.2
最大升限(m)	10668	10925	7620	7622	7000	10400	8750	9200
爬升速率(m/s)	12.0	12.1	12.2	12.2	8.3	10.0	7.5	7.5
巡航速度(kg/h)	550	560	430	430	292	550	423	430
续航时间(h)	8.4	7.5	5.7	6.0	4.4	10.5	4.5	5.5
最大航程(km)	4147	2542	2600	2600	1440	5620	1900	2350

(2)无人机。近年来,随着无人机技术的迅速发展,全世界有超过 100 个国家装备了 300 种以上的 UAV,比较著名的有美国的“全球鹰”“捕食者”,中国的“大疆”“ASN”系列大型 UAV,英国的“凤凰”中型 UAV,以色列的“云雀”“鸟眼”系列小型 UAV 等。已经在气象探测、遥感影像、航拍、灾后救援、交通运输、城市管理、精细农业等领域投入使用。根据大气边界层的高度范围与气象要素的探测需求,只要具有以下特点与功能的无人机均可以满足探测要求:

①机型特征:翼展＜ 1.5 m,重量 6～12 kg,有效载荷＞2 kg。

②动态性能:巡航速度 0～3 m/s,续航时长＞1 h,飞行高度(离地面) ≥1 km,可定点悬停,稳定性能好(复位能力强),定位误差经度方向＜2 m、纬度方向＜2 m、海拔高度＜5 m,可自主起飞,自主定点降落。

③搭载设备:自带计算机(CPU＞2.0 G,内存＞4 M,内嵌实时系统)、GPS(经纬度测量误差＜±1.5 m,高度＜±5 m,更新频率＞4 Hz)、激光测距扫描仪(更新频率＞100 Hz,可测距离＞30 m)、相机、气象传感器(风、温、湿、压等)、污染物浓度探测器、无线通信设备(有效距离＞5 km)。

④系统性能:自主性、协调性、灵活性、容错性。

8.3.2　机载气象探测设备简介

(1)气温测量设备

常用的机载大气温度测量传感器为集成式和铂电阻式两种，图 8.2 为铂电阻式机载测温仪。就其传感器本身而言，无论精度、响应时间、数据输出等完全可以满足测量要求。传感器主要测量飞机航路上的大气温度参数值。若测量目标明确,可以通过飞机飞行轨迹精确控制。

与传统的地面测温观测相比,飞机测温通常会受以下几种过程的影响:①气流、湿度、气压、太阳辐射等气象因素的影响。②飞机经常在云中出没,传感器时刻感受

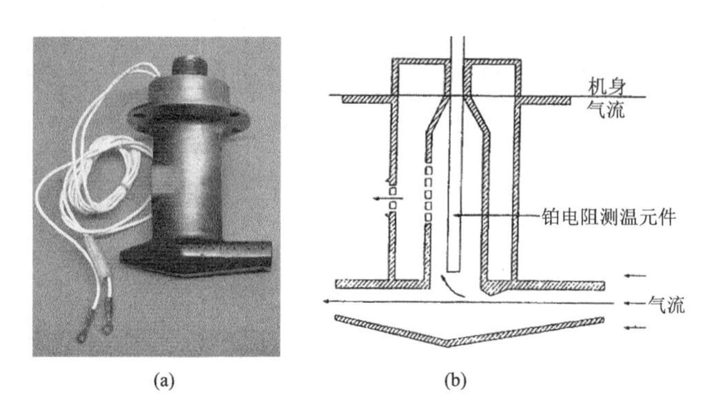

图 8.2　机载测温仪器：(a)实物外观图；(b)仪器结构示意

着大气水汽的瞬时巨变。③飞行过程中剧烈颠簸、飞机边界层效应、发动机尾流效应等干扰因素。④飞机航速不定、动力增温、传感器整流罩设计不合理、传感器冰封等。因此，测温传感器通常不直接暴露在空气中，而是通过测量返回气流来测得外界大气温度，如图 8.2(b)所示。

(2)空气湿度测量设备

与温度测量相比，湿度和湿度脉动测量的感应技术存在明显的差别。测量平均湿度最常用的仪器是露/雾点湿度计。这种仪器使气流降温冷却，在镜面上形成一层薄层水或雾，从而改变镜面反射率，来获取为露点温度。湿度脉动量的测量通常是在飞机上装备莱曼-α(Lyman-α)湿度计，如图 8.3 所示。该仪器通过光波(125.56 nm)的吸收被水汽的衰减率来反演水汽的含量。仪器具有响应快，灵敏度高，属于非接触式测量，尤其在低湿条件下测量水汽有很大优势。

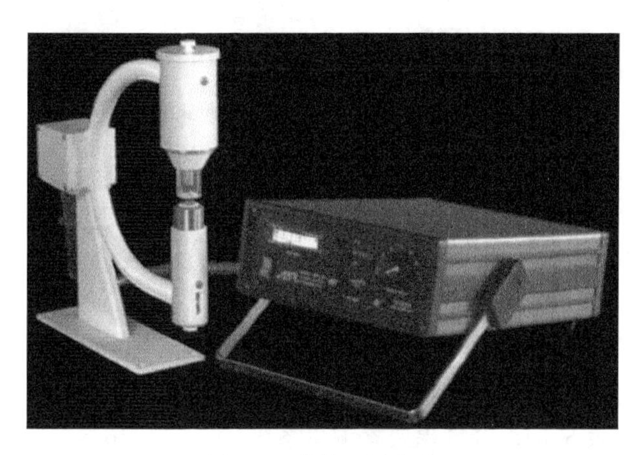

图 8.3　莱曼-α 湿度计

(3)风向、风速测量设备

风向、风速探测是飞机探测的难点之一。现阶段飞机测量风速通常使用的仪器为皮托管,该仪器是测量气流总压和静压以确定气流速度的一种管状装置。图8.4(a)为皮托管的测量原理示意图,该仪器利用流动气体产生的动压力(又称风动压)来测量风速,见公式(8.1):

$$P_t = P_s + \frac{1}{2}\rho V_a^2 \tag{8.1}$$

式中:V_a 为测量速度;P_t 为总压力;P_s 为静压力;ρ 为空气密度。风速测定仪器的动压口迎着风向,管内测到的总压力 P_t 为静压力与风动压 $\rho V_a^2/2$ 之和。另外,皮托管测速原理利用到动压,而动压和大气密度有关:同样的相对气流速度,如果大气密度低,动压便小。

皮托管需安装在测量气流较少受到飞机影响的区域,一般在机头正前方、垂尾或翼尖前方,如图8.4(b)所示。同时为了保险起见,一架飞机通常安装2套以上皮托管。因此该机不但可以测大气动压、静压,而且还可以测量飞机的侧滑角和迎角。有的飞机在皮托管外侧还装有几片小叶片,也可以起到类似作用;垂直安装的叶片用来测量飞机侧滑角,水平安装的叶片可测量飞机迎角,为了防止皮托管前端小孔在飞行中结冰堵塞,飞机上的皮托管都有电加温装置。

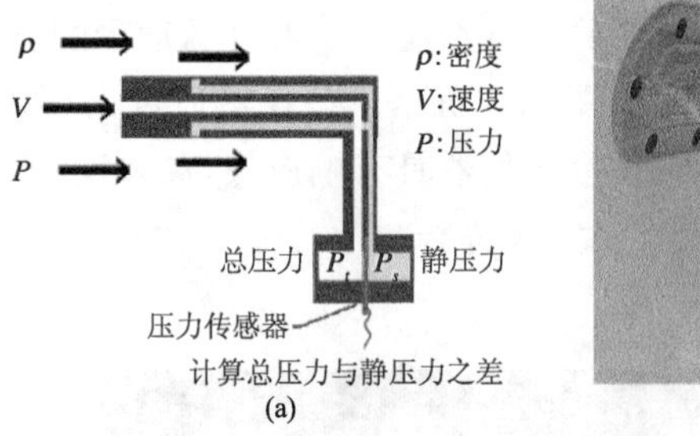

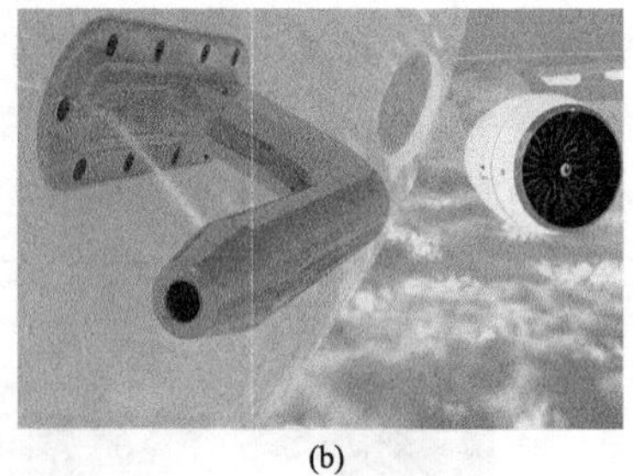

图8.4　皮托管测量原理(a)和在飞机上的实物(b)

皮托管测量出来的速度并非是飞机真正相对于地面的速度,而只是相对于大气的速度,所以称为空速。如果有风,飞机相对地面的速度(称地速)还应加上风速(顺风飞行)或减去风速(逆风飞行)。飞机相对于地面的速度 V_k,简称航速,相对于空气的速度 V_a,简称空速,航速、空速和风速 V_w 的关系为:

$$V_w = V_k - V_a \tag{8.2}$$

(4)综合气象探测设备

AIMMS-20(表8.2)综合气象要素测量系统(Aircraft-Integrated Meteorological Measurement System)是美国DMT公司生产的一款集成设备,见图8.5。设备包括大气数据探头(ADP)、GPS天线(2个)、GPS模块、惯性测量模块(IMU模块)和中央处理模块(CPM 模块)几个部分。

ADP 探头利用差动气压法测量飞机飞行时外界环境的静压以及水平方向和垂直方向上的动压,同时利用温度传感器测量大气的温度,并计算得出空速。

GPS 天线、GPS 模块和 IMU 模块实时测量飞机的飞行姿态,包括经度、纬度、海拔高度、飞机侧倾角、俯仰角、偏航角以及加速度。

CPM 模块综合处理 ADP、GPS 和 IMU 测量的数据,得出外界大气的真实状态,包括大气的水平风速和垂直风速,并将处理结果传输给计算机,由计算机实时显示并记录。

表 8.2 AIMMS-20 仪器主要技术性能参数

主要内容	性能参数
测量内容	温度、气压、动压、湿度、风速、风向、垂直风速、飞行经纬度、飞行高度和飞机姿态
测量范围	高度:0～15 km;静压:0～110 kPa;动压:0～14 kPa;侧分压:－7～7 kPa;温度:－20～＋40℃,－40～＋50℃(特殊要求);相对湿度:0～100%;加速度:(－5～5)×g*;倾斜度:－60～60°/s
测量分辨率	静压:1 hPa;动压:0.2 hPa;侧分压:0.2 hPa;温度:0.3℃(包含动力增温误差);相对湿度:2%;加速度:0.005×g*;倾斜度:0.03°/s;水平风速:0.5 m/s;垂直风速:0.75 m/s
取样频率	1～ 40 Hz(软件可选)

注:* g 为重力加速度。

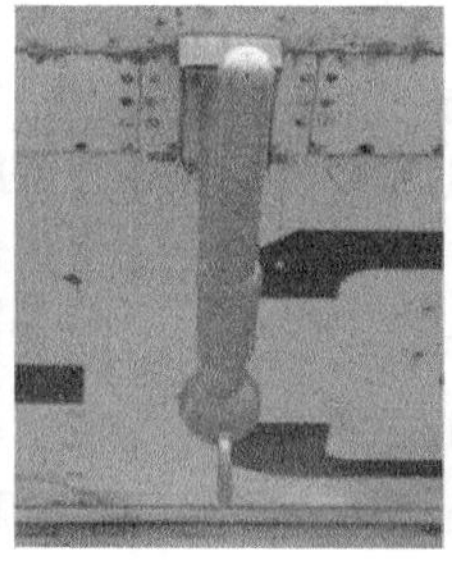
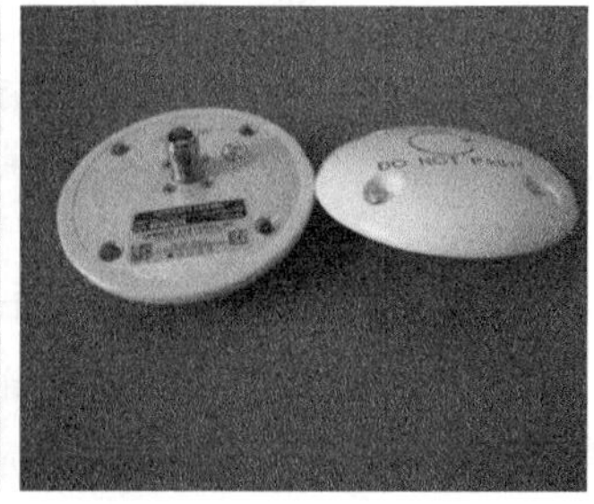

图 8.5 飞机综合气象要素测量系统(AMMIS-20)

图 8.6 为 2013 年夏季在山西省中部地区飞机观测获得的对流层中低层温度和相对湿度的垂直廓线。从温湿廓线中均能看到自地面(778 m ASL)向上约 500 m 高度范围内(海拔 1300 m 左右),存在一个相对湿度较大的近地面混合层(Surface Mixed Layer,SML)。在 7 月 31 日(图 8.6a)和 8 月 3 日(图 8.6b),SML 顶部都有一个明显的逆温层(Temperature Inversion Layer,TIL)存在。例如,7 月 31 日,在 1300～1500 m 存在一个低空逆温层,在 2200～2500 m 高度存在第二个浅逆温层结;8 月 3 日,在海拔 1500 m 及 2400～3000 m 高度上存在两个非常明显的较深厚的逆温层结(李军霞 等, 2014)。

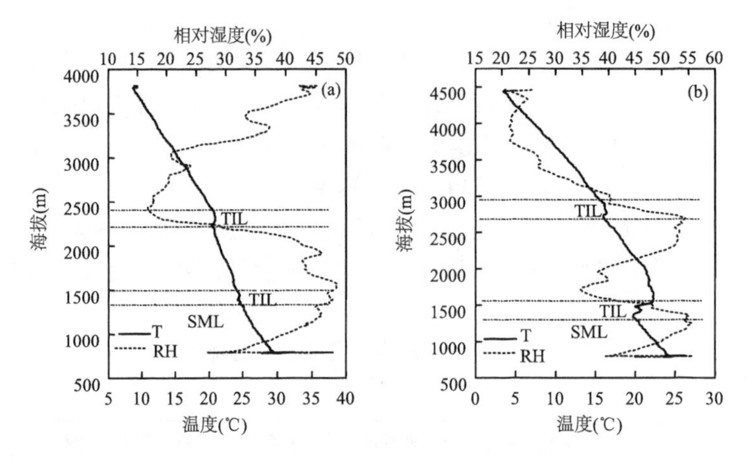

图 8.6　两次飞行过程中温度和相对湿度垂直廓线示例，
(“SML”表示近地面混合层，“TIL”代表逆温层)
(a)2013 年 7 月 31 日；(b)2013 年 8 月 3 日

(5)气溶胶观测设备

飞机观测气溶胶主要采用被动腔探头 PCASP-100(Passive Cavity Aerosol Spectrometer Probe)。该仪器可以测量 0.1 ～ 3.0 μm 范围内的气溶胶的粒子谱及浓度，最小测量分辨率为 0.01 μm，质量浓度测量范围 $0\sim2\times10^{4}$ cm^{-3}，取样频率：1 Hz。

该仪器利用 Mie 散射原理测量气溶胶粒子的谱分布(图 8.7)。PCASP 探头自带一个气泵，从外界环境中抽气，一部分气体作为样气，另一部分气体经过滤后成为干净的鞘气，鞘气被送往取样口并将样气包裹在中心，使样气能够全部通过粒子计数器的焦点处，而被粒子计数器记录下来，因为鞘气是完全干净的空气，因此粒子计数器记录的粒子大小、粒子数以及粒子浓度就是外界环境中的粒子大小、粒子数和粒子浓度。

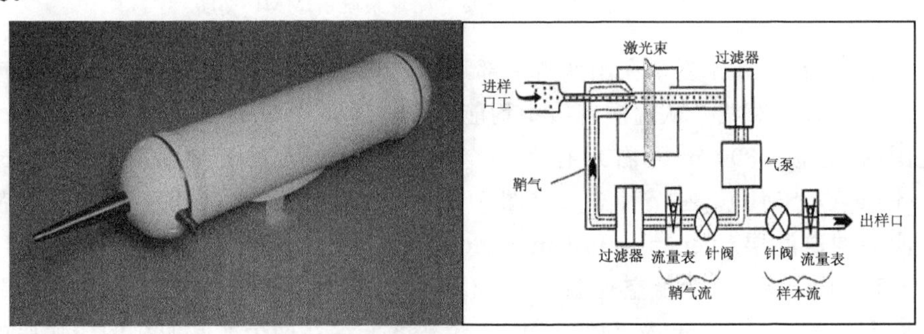

图 8.7　被动腔探头 PCASP-100 结构示意

图8.8资料来源于2013年夏季山西省中部地区的飞机观测试验。由图8.8可见，从地面到1200 m高度，核模态和积聚模态的气溶胶粒子数浓度随高度逐渐增大，垂直方向上第一个峰值区出现在1000～1400 m，1200 m以上粒子数浓度随高度急剧降低。这是因为在海拔1200 m左右（图8.6）有逆温层存在，使得近地层大气污染物的向上扩散受到了阻碍，在逆温层的底部形成一个气溶胶积累区，气溶胶粒子数浓度的大值区往往出现在这一层内。气溶胶粒子有效直径随高度逐渐增大，最大值一般出现在2000～3500 m。

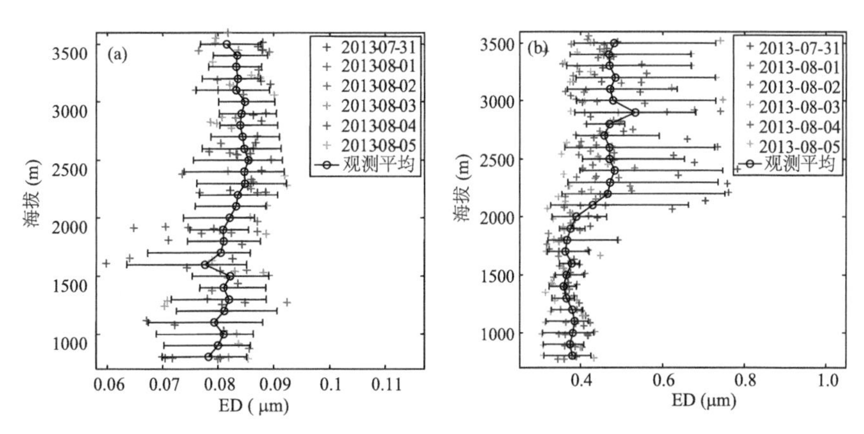

图8.8　气溶胶平均数浓度及粒子有效直径垂直廓线，(a)核模态气溶胶数浓度及粒子尺度垂直廓线；(b)积聚模态气溶胶数浓度及粒子尺度垂直廓线

8.3.3　飞行方案设计

利用飞机对大气中各个物理要素进行探测时，飞行路径的设计和选取对探测结果有较大影响。尤其是在边界层观测中，由于下垫面的非均匀性致使这种影响更为明显。故此，在试验开展前需要对飞行方案进行细致研究，方案的制定通常遵循以下原则。

(1)在探测区域应首先进行垂直探测，取得垂直分布廓线，以便确定应进行水平探测的不同高度。气象要素在3000 m以下变化较大，探测间距应尽量小；3000 m以上根据垂直探测的实际情况确定，气象要素的变化相对较小，探测高度的间隔可适当加大。飞行方案的设计可参照图8.9a所示。

(2)重点区域（如城市、水库等）上空的某一高度上进行水平探测时，航线间隔应尽量小，探测范围应涵盖重点区域及周边地区，以便进行对比。具体进行多少个平面观测，应视垂直分布廓线和探测目的而定。在进行水平探测前，应对探测区域及对比区域进行一次垂直探测。飞行方案的设计可参照见图8.9b所示。

(3)飞机携带的传感器有些为慢响应仪器，需要充足仪器响应时间才能获取有效

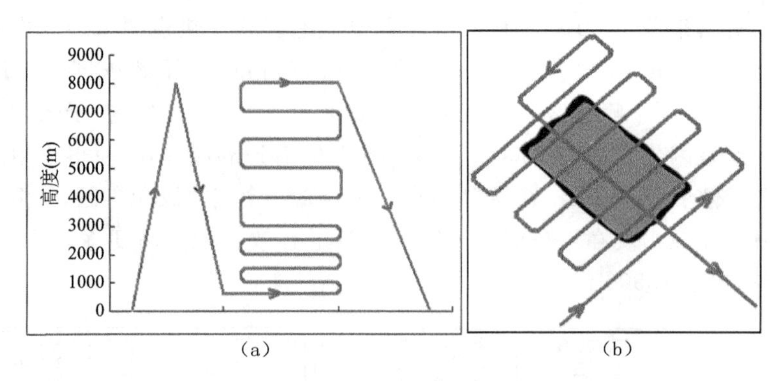

图 8.9　飞行方案的设计：(a)垂直方向的飞行路线；
(b)重点区域的飞行路线

信息，因此飞行过程中，还需要考虑悬停式飞行方案，即在目标高度停滞足够长的时间让传感器达到稳定测量状态。目前，无人机探测过程通常会每间隔一段高度(25 m或 50 m)进行一次悬停，获取不同高度上气象要素及污染物浓度的观测结果(王洋 等，2018；史静 等，2018)。

8.4　资料处理方法介绍

飞机探测数据主要包括飞行数据，气象数据，大气污染物浓度数据等，其探测精度对气象预报、环境监控具有重要意义。而在传感器测量过程中，由于受飞机飞行速度、飞行高度、传感器工作状态、环境杂波等因素影响，测量数据经常存在一些异常点，因此需要对原始观测值进行野点剔除和数据插补。

利用常规的野值处理方法对飞机探测数据进行野点剔除和插补时，需注意以下几个问题：

(1)在飞机探测过程中，由于飞机飞行状态的改变，数据的波动性往往较大，若使用计算机软件判别原始值中的野点数据，其结果带有很强的主观性和倾向性，可靠性较低。在实际资料处理过程中，通常引入经验数据对飞机探测值进行预估，用以降低正常值误剔除和野值漏剔的风险。

(2)对于常规观测来讲，当观测数据足够多时，观测数据应满足正态分布要求。而在飞机飞行过程中，目标状态不断变化，属于动态测量，每个状态都是单次测量，随着目标的运动，测量的环境和精度也在发生变化，飞机探测值总体上不服从正态分布。因此，对于动态探测过程，可利用分区域、分时段的方法将某一区域范围内、某一时段范围内的探测数据进行归类，将其近似认为满足正态分布要求，进行野点剔除。

(3)飞机探测过程中，由于观测要素本身的差异，其数据变化幅度也存在明显差异。在数据处理过程中设定不同的野点剔除阈值，以达到所有观测值在一定条件下，满足正态分布条件。如选取飞机探测值相邻的 7 组数据 x_{i-3}，x_{i-2}，x_{i-1}，x_i，x_{i+1}，x_{i+2}，x_{i+3}假定服从正态分布要求，利用公式(8.3)、公式(8.4)、公式(8.5)分别求出所选探测值的算术平均值、x_i 的残差以及残差标准差。

$$\overline{x_i}=\frac{x_{i-3}+x_{i-2}+x_{i-1}+x_i+x_{i+1}+x_{i+2}+x_{i+3}}{7} \tag{8.3}$$

$$\Delta x_i=\left|x_i-\overline{x_i}\right| \tag{8.4}$$

$$\sigma_i=\sqrt{\frac{(x_{i-3}-x_i)^2+(x_{i-2}-x_i)^2+(x_{i-1}-x_i)^2+\cdots+(x_{i+3}-x_i)^2}{7}} \tag{8.5}$$

若残差大于 n 倍残差标准差时(公式(8.6))，该数值则被认为是野点，应以剔除。

$$\Delta x_i=\left|x_i-\overline{x_i}\right|>n\sigma_i \tag{8.6}$$

式中 $0.5\leqslant n\leqslant 4$，不同的探测要素取不同的 n 值，$n\sigma_i$ 即为阈值。

8.5　实习内容

(1)熟悉装备在飞机上各种传感器的工作原理。

(2)数据格式的识别(图 8.10)。

%%

	记录号	时间	时-分-秒		海拔高度			经度	纬度		湿度	温度
#FJZT	212855	13-07-31	08:00:00	0	0.0	0.0	0.0	112.8400	37.8610	9999.0	36.2	28.8
#FJZT	212855	13-07-31	08:00:00	0	0.0	0.0	0.0	112.8400	37.8610	9999.0	36.5	28.9
#FJZT	212855	13-07-31	08:00:00	0	0.0	0.0	0.0	112.6190	37.7580	9999.0	36.7	29.2
#FJZT	212855	13-07-31	10:34:28	0	783.0	243.1	0.1	112.6140	37.7570	9999.0	36.8	29.4
#FJZT	212855	13-07-31	10:35:08	0	783.0	0.0	0.0	112.6140	37.7570	9999.0	36.6	29.5
#FJZT	212855	13-07-31	10:35:26	0	783.0	0.0	0.0	112.6140	37.7570	9999.0	36.6	29.6
#FJZT	212855	13-07-31	10:35:47	0	783.0	0.0	0.0	112.6140	37.7570	9999.0	36.7	29.7
#FJZT	212855	13-07-31	10:37:08	0	783.0	0.0	0.0	112.6140	37.7570	9999.0	36.3	30.1
#FJZT	212855	13-07-31	10:37:26	0	783.0	0.0	0.0	112.6140	37.7570	9999.0	36.0	30.1
#FJZT	212855	13-07-31	10:37:46	0	783.0	0.0	0.0	112.6140	37.7570	9999.0	36.2	30.3
#FJZT	212855	13-07-31	10:38:07	0	783.0	0.0	0.0	112.6140	37.7570	9999.0	36.8	30.3
#FJZT	212855	13-07-31	10:38:26	0	783.0	0.0	0.0	112.6140	37.7570	9999.0	37.4	30.4
#FJZT	212855	13-07-31	10:38:46	0	783.0	0.0	0.0	112.6140	37.7570	9999.0	37.7	30.5
#FJZT	212855	13-07-31	10:39:07	0	782.7	212.5	2.8	112.6140	37.7570	9999.0	37.1	30.5
#FJZT	212855	13-07-31	10:39:28	0	782.1	128.1	7.1	112.6150	37.7560	9999.0	35.9	29.7
#FJZT	212855	13-07-31	10:40:06	0	785.9	126.2	9.9	112.6180	37.7550	9999.0	36.1	29.4
#FJZT	212855	13-07-31	10:40:26	0	786.6	127.1	9.0	112.6200	37.7540	9999.0	38.2	29.2
#FJZT	212855	13-07-31	10:41:07	0	786.8	126.6	9.6	112.6230	37.7520	9999.0	39.7	28.8
#FJZT	212855	13-07-31	10:41:26	0	786.9	127.6	9.9	112.6250	37.7510	9999.0	39.9	28.8
#FJZT	212855	13-07-31	10:41:46	0	786.5	127.3	9.5	112.6260	37.7490	9999.0	39.3	28.6
#FJZT	212855	13-07-31	10:42:05	0	787.5	127.2	9.8	112.6280	37.7480	9999.0	41.1	28.8

图 8.10　飞机观测数据资料格式

(3)利用数据处理软件，分析温度、湿度、气溶胶浓度变化的特征。

8.6　实习范例

利用 Origin 软件对无人机观测资料进行处理并画图，范例结果如图 8.11 所示。

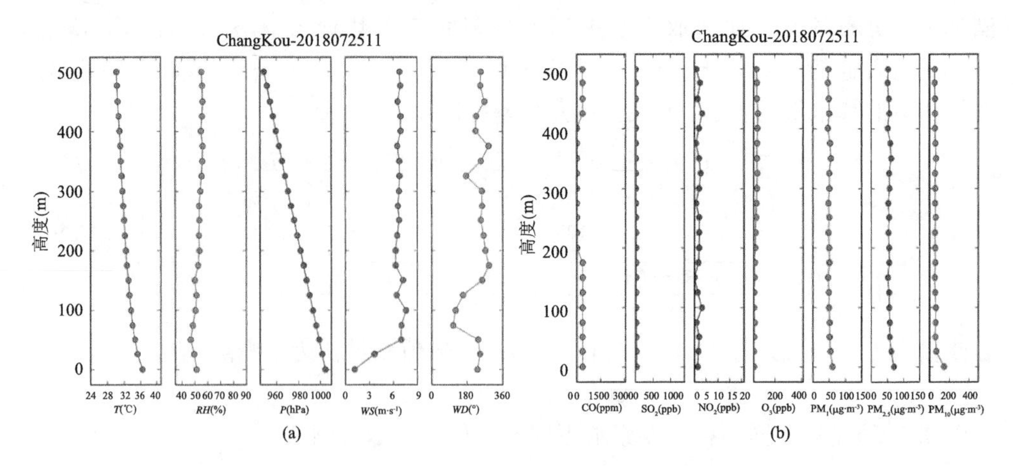

图 8.11 2018 年 7 月 25 日 11 时杭州场口镇无人机观测结果

(a)图为温、压、湿、风垂直分布状况；(b)图为污染物浓度垂直分布状况

8.7 实习作业

(1)利用飞机观测资料，分析边界层温度、湿度、气溶胶浓度的垂直结构特征。

(2)分析讨论位温的垂直结构对气溶胶垂直分布的影响。

(3)分析讨论湿度的垂直结构对气溶胶垂直分布的影响。

8.8 思考题

(1)在飞机的飞行过程中，如何获取三维风速？

(2)在飞机穿云过程中，温度、湿度的测量会受到什么影响？

参考文献

李军霞，银燕，李培仁，等，2014. 山西夏季气溶胶空间分布飞机观测研究[J]. 中国环境科学，34(8)：1950-1959.

廖捷，熊安元，2010. 我国飞机观测气象资料概况及质量分析[J]. 应用气象学报，21(2)：206-213.

史静，姜明，姚巍，等，2018. 基于微型多旋翼无人机的气象及环境监测系统设计[J]. 气象水文海洋仪器，35(01)：47-51.

王洋，孙姣，刘羿，等，2018. 多旋翼无人飞行器在气象业务中的应用[J]. 气象水文海洋仪器，35(03)：40-42.

第9章　非均匀下垫面气象要素的测量

9.1　概述

大气边界层物理过程与下垫面性质密切相关。"均匀、平坦"下垫面的边界层问题在M-O相似理论指引下已较好的解决。但非均匀下垫面边界层物理过程的研究还有较大空间。

由于地表的非均匀性，使得大气边界层结构、湍流特征及其变化规律有其特殊性。非均匀下垫面对大气边界层的影响过程主要通过地表的动力和热力非均匀作用。(1)动力非均匀作用是指地表粗糙度的非均匀性对大气边界层的影响。如气流由粗糙地表到光滑地表，气流的大小、水平结构以及垂直结构都有较大变化。(2)热力非均匀是由地表热力性质差异造成，如地表热通量的改变、感热通量和潜热通量的差异、人为热排放的不同等，都会造成大气的加热不均匀，进而影响边界层结构和湍流发展。非均匀下垫面主要包括以下几类：海—陆、森林—沙漠，草原—田地—湿地、冰盖—冰—苔原、城—乡等。

下垫面的非均匀特征具有明显的局地性，对边界层的影响范围也相对较小，气象要素在空间上的分布差异较大，即水平方向和垂直方向上都有较大的梯度。而各要素梯度的存在，使得测量仪器的空间布点显得十分困难。此外，探测仪器的选用、仪器的安装、资料的处理等方面还存在不少问题，有待解决。本章将以"城市"这个典型非均匀下垫面为例，介绍城市区域常规自动气象站的选点、安装及资料处理，同时分析其温度场、湿度场的空间分布特征。

9.2　实习目的

随着全球城市化进程的不断加速，城市面积、城市人口急剧增长，使得城市下垫面的"辐射过程""能量传输过程""水汽循环过程"等都有别于自然下垫面。根据"城—乡"两地气象资料的对比结果可以发现，城市气候与乡村下垫面相比有"热岛""干岛""湿岛"、"浑浊岛"和"雨岛"等效应，而且不同季节、不同地域的城市特征还有较大差异。图 9.1 为城市热岛及热岛环流示意图。

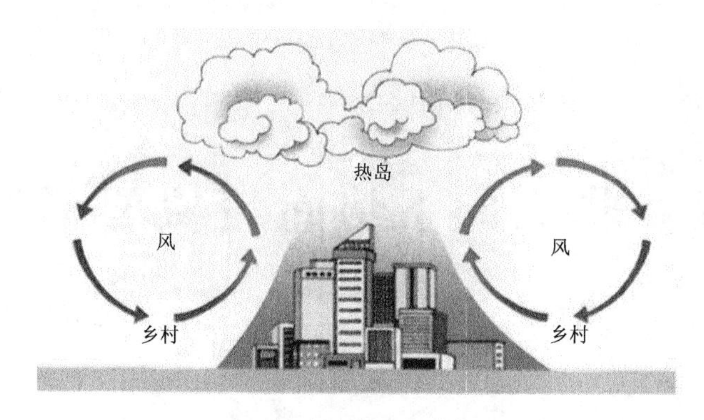

图 9.1　城市热岛示意

本章实习目的：

(1)城市下垫面自动气象站点的选取；

(2)自动气象站资料的处理；

(3)城市热岛、湿岛特征的分析。

9.3　仪器及选址安装

9.3.1　实验仪器

自动气象站(Automatic Weather Station, AWS)是一种实现地面气象要素自动观测的仪器设备。随着电子技术和测量技术的发展，自动气象站已能实时监测温度、湿度、风速、风向、雨量、气压、辐射、环境气体、土壤温度、土壤湿度、能见度等多种气象参数。相对于人工观测而言，自动站观测具有系统性、连续性强的优点，获取的资料又具有高精度、高时空分辨率的优点，可为天气、气候分析，特别是大气边界层特征分析提供大量基础数据。图 9.2 为自动气象观测系统的结构示意图。

自动气象站由硬件和系统软件组成，硬件包括传感器、采集器及一些外围设备(包括通讯接口、系统电源、计算机等)，系统软件有采集软件和地面测报业务软件。图 9.3 为自动气象站硬件系统结构图。

(1)传感器：是指能感受被测气象要素的变化并按一定的规律转换成可用输出信号的器件或装置，通常由敏感元件和转换器组成。常用传感器有：

气压——振筒式气压传感器；膜盒式电容气压传感器。

气温——铂电阻温度传感器。

湿度——湿敏电容湿度传感器。

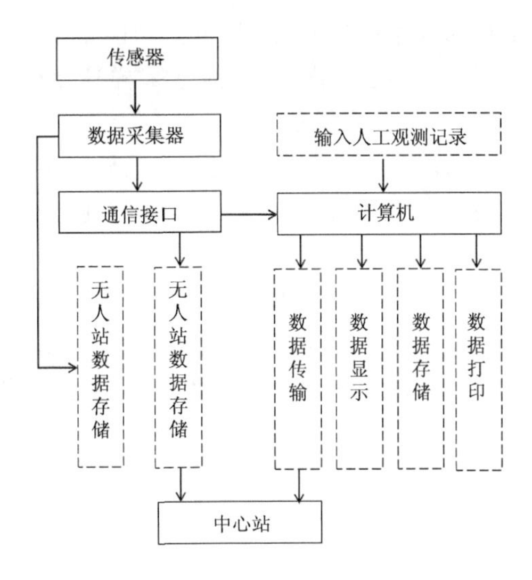

图 9.2　自动气象观测系统结构示意

风向——单翼风向传感器。
风速——风杯风速传感器。
雨量——翻斗式雨量传感器。
蒸发——超声测距蒸发量传感器。
辐射——热电堆式辐射传感器。
地温——铂电阻地温传感器。
日照——直接辐射表。

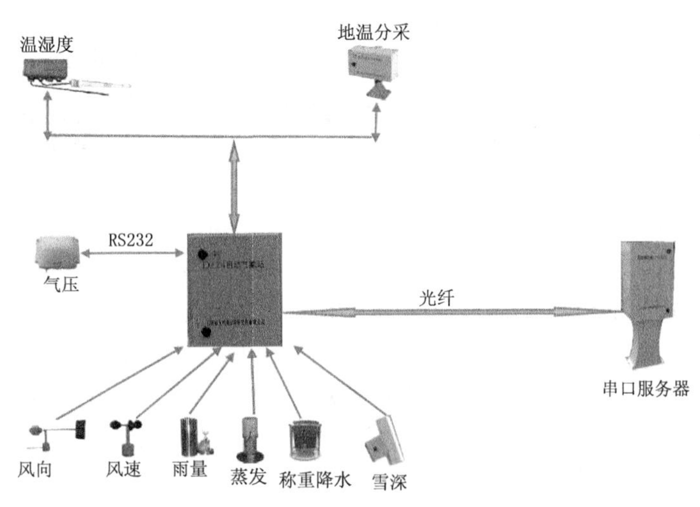

图 9.3　自动气象站硬件系统结构

(2)数据采集器：是自动气象站的核心，其主要功能是数据采样、数据处理、数据存储及数据传输，其主要技术性能需满足：①数据采样速率够快；②数据统计准确；③数据存储能力强；④仪器工作性能稳定。

(3)采集软件：其主要功能为①接受和响应业务软件对参数的设置和系统时钟的调整；②实时和定时采集各传感器的输出信号，经计算、处理形成各气象要素值；③存储、显示和传输各气象要素值；④大风报警；⑤运行状态监控。

(4)业务软件：其主要功能是根据地面气象业务的需要编制。其主要功能包括：参数设置、实时数据显示、定时数据存储、编发气象报告、数据维护、数据审核、报表编制，按照《地面气象观测数据文件和记录簿表格式》形成统一的数据文件等。

9.3.2　仪器的选址与安装

非均匀下垫面观测站点的选取及仪器安装应遵循以下顺序和原则，并制定详细的观测计划。

(1)首先要有明确的、具体的观测目的。在观测方案设计时，不宜兼顾多种目的。观测项目必须完整和重点突出，不仅要确定观测内容，还要考虑到由基本要素计算得到的统计结果，如平均值、积分值、极值、方差、标准差等。

(2)仪器的选择也需与观测目的密切联系。仪器的选择包括种类、技术性能、维护成本等。原则上要求它不能破坏观测范围内固有的小气候特征，且要求携带、安装方便，有时还要考虑到是否满足遥测的要求。

(3)观测地段的选择必须具有独立性和代表性。个别情况下，如在对比观测时，只要能满足相互对比的条件，也是允许的。但该地段必须能独立反映出其特有的局地特征，而不受其他特殊环境的影响。

(4)观测点的选取决定于两个因素。一个因素是考虑到观测的重复性，即重复设点以便取其平均值或进行误差分析。复杂下垫面通常会设立 2～4 个重复点。因仪器、人员以及观测自动化程度而定。另一因素是考虑局地气象要素分布不均匀，为了反映气象要素的水平分布特征，必须设置多个观测点。原则上规定，测点与测点之间的距离决定于梯度的大小。

(5)仪器架设高度对测量结果非常重要。在城市边界层垂直结构中通常分为城市冠层(平均建筑物高度以下部分)、粗糙子层(平均建筑物高度 1～2 倍)，惯性子层(平均建筑物高度 2 倍以上)，不同高度处气象要素的垂直分布特征有较大差异，如图 9.4 所示。故此，观测仪器的架设高度需根据实验目的、实验内容具体设定。高度选取上也遵循与水平布点同样的原则。通常在垂直方向上设置 3～5 个高度，某些情况下，可以只设计 1～2 个高度，高度大多选在平均状况或关键部位。

(6)观测仪器的安装，因根据实际观测高度、观测地点不同而稍有不同。总的说来，仪器安装高度应由北向南依次递减，或者在观测过程中力求做到一种仪器不致受到另一种仪器阴影的遮蔽。在城市边界层观测中,由于下垫面复杂多变,地形地貌特征各不相同,要想规定一种统一的仪器配置方案是很难的。

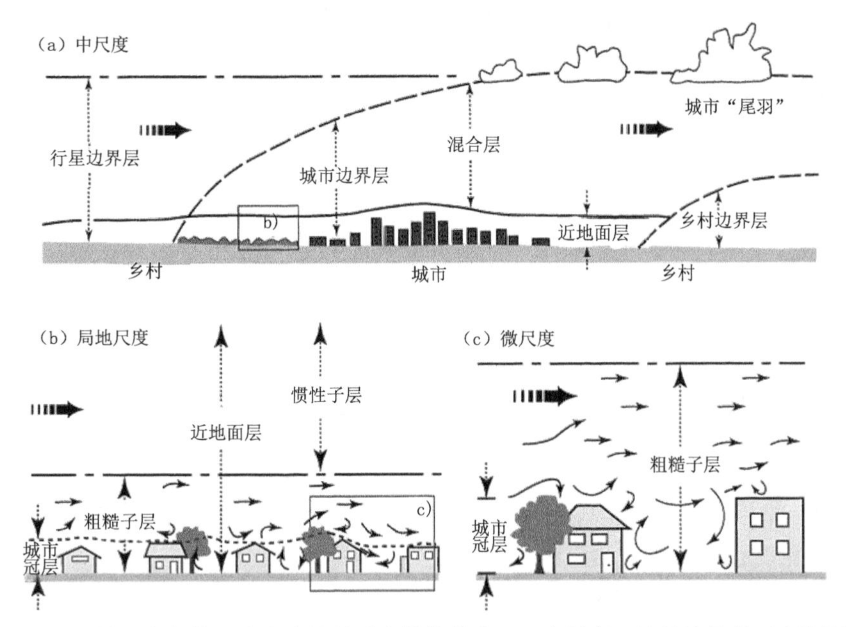

图 9.4 不同尺度条件下城市边界层垂直结构分布;(a)中尺度;(b)局地尺度;(c)微尺度

9.4 资料处理方法介绍

在实际工作中,自动气象站容易受到雷击、电磁干扰和人为操作失误等因素影响,造成数据存在不连续、含噪声、不一致等问题。数据在采集和传输过程中,常常会产生以下几种误差。(1)随机误差,主要产生于数据采集过程。随机误差可能导致资料相对于实际值的高估或低估。(2)系统误差,该类误差主要是由于传感器的长期漂移,导致观测资料的偏差。(3)微气象误差,主要是由于小尺度天气系统的扰动对观测值造成的误差。主要是由观测系统的时间或空间分辨率较低,而不能完整观察到被测小尺度天气系统造成的。故此,资料使用前的质量控制必不可少(任芝花 等,2015;王海军 等,2007)。

自动气象站数据质量控制分为基本质量控制和广延质量控制两种,前一种类型的质量控制通常是在采集器和业务终端内对从原始传感器输出到转换、处理成气象参量过程的各个阶段执行质量控制。后一种质量控制是在电脑终端或中心站对观测数据做数据完整性、数据正确性和数据一致性检查的质量控制。根据世界气象组织(WMO)推荐的《自动气象站数据质量控制指南》,自动站气象资料的质量控制可以分为 4 个步骤。

(1)瞬时值检验:目的是检验瞬时观测值是否处于可接受的合理界限范围内。检验对象有 10 min 风向、风速值及其他要素 1 min 的平均量。可参考以下限定范围进行判断。

气温:−90～70℃;

露点温度:−80～50℃;

地表温度:−80～80℃;

土壤温度:−80～50℃;

相对湿度: 0～100 %;

气压:400～1100 hPa;

风向:0～360°;

风速:0～75 m/s;

阵风:0～150 m/s;

总辐射:0～75 W/m^2;

降水量(1 min): 0～40 mm;

蒸发量: 0～100 mm;

土壤体积含水量: 0～100%。

(2)时间连续性检验:目的是检验观测值的时间变化率，剔除不真实的跃变值。将每次采样后的数据与前次采样值做比较,若变化量大于某个阈值则当前采样值标记为有疑问值,不参加后期计算,但仍用于下一次的检查。对每分钟 5～10 次采样的绝对变化可参考使用以下阈值做一致性检查:

气温、露点温度、地表温度和土壤温度阈值:2℃;

相对湿度阈值:5%;

气压阈值:0.3 hPa;

蒸发量阈值:0.3 mm;

风速阈值:20 m/s;

太阳辐射阈值:800 W/m^2。

(3)空间连续性检验:主要是与邻近站点的观测值比较,也可以通过多个不同站点观测值之间的插值进行统计分析。该检验包含某个单站同一时间的单个参数值,也可包括某个时间序列的多个观测值。目前使用较多的空间一致性分析方法有空间插值方法、空间回归检验法等。该方法是利用邻近气象站按四方位进行分组,然后将被检站的气象资料与各组分别进行比较分析,并根据大气规律进行判断。在冷空气或雷暴等天气系统影响下,当气象资料的水平分布出现明显的不连续现象时,使用该方法可以降低误检率。空间一致性检验方法一般是假设被检站与邻近站处于同一天气系统中。但事实上,由于中小尺度天气的影响,经常会造成某一个站在某一时刻可能与邻近站不受同一天气系统影响，导致观测结果出现较大的差异。所以在实际业务中，对于相邻站点观测值所出现的较大差异，一方面要根据历史气候资料和地形特点，检验观测资料的可用性和真实性；另外一方面，要结合观测时候的天气形势，判断误差是否是由于中小尺度天气系统造成的。在日常的业务工作中，各个观测要素均有可能由于天气系统的原因造成较大的误差。对于温度、风向、风速等要素，可以通过检验天气形势来判断。对于相邻站点之间降水的较大偏差，一定要考虑地形作用。最重要的是综合当地的历史气候资料和天气形势，才能对观测资料有较真实的质量控制。

(4)内部一致性检验：在进行单个气象要素观测质量控制的基础上，可以根据气象要素之间的逻辑关系进行内部一致性检查，确认测量值的合理性。该检验一般包括某个单站所观测的两个或更多不同参数的逻辑关系比较。假如地面温度超过10℃，而当时的天气现象为下雪，可以肯定温度观测值是错误的。

9.5　实习内容

(1)熟悉自动气象站的组成结构，包括硬件设施，软件操作等。

(2)数据格式的识别(图 9.5)。

```
1 F9905 272631 1181820 01705 01715 4
2 20140504000000 053 000 045 000 031 008 2352 327 006 032 013 2344 0000 0231 0231 0000 0174 2300 077 077 0000 /// //// 09962 09966 2301 09961 2353 //// ///
3 ////////////////////////////////////////////////////////////////////////////////////////////////=
4 F4109 253247 1191305 00770 ///// 4
5 20140504000000 320 053 317 045 316 049 2357 313 062 325 077 2356 0000 0224 0224 2340 0217 2301 /// /// //// /// //// ///// ///// //// ///// //// //// ///
6 0000000000000000000000000000000000000000000000000000000000000000000000000000000000000000000=
7 F4112 252256 1190432 00340 ///// 4
8 20140504000000 /// /// /// /// /// /// //// /// /// /// /// //// 0000 0220 0220 2358 0208 2301 /// /// //// /// //// ///// ///// //// ///// //// //// ///
9 0000000000000000000000000000000000000000000000000000000000000000000000000000000000000000000=
10 F2163 242824 1181048 00140 ///// 4
11 20140504000000 062 016 061 014 019 017 2317 051 020 355 032 2309 0000 0234 0235 2351 0223 2301 063 059 2354 181 0160 10138 10139 2334 10136 2302 //// ///
12 ////////00////////00////////00////////00////////00////////00////////00////////00////////00////////00////////00////////00=
13 F2181 242712 1181122 00160 ///// 4
14 20140504000000 050 012 058 015 017 029 2315 048 011 019 037 2312 0000 0225 0226 2350 0219 2307 049 044 2345 133 0113 10134 10135 2334 10132 2302 //// ///
15 ////////00////////00////////00////////00////////00////////00////////00////////00////////00////////00////////00////////00=
16 F2186 243207 1181108 00020 ///// 4
17 20140504000000 358 014 354 016 008 017 2317 360 013 347 026 2326 0000 0231 0231 2352 0223 2306 060 058 2348 170 0149 10138 10139 2335 10136 2320 //// ///
18 ////////00////////00////////00////////00////////00////////00////////00////////00////////00////////00////////00////////00=
19 F2188 243334 1180507 00180 ///// 4
20 20140504000000 312 009 321 010 306 017 2333 316 011 328 029 2342 0000 0233 0233 2358 0225 2340 /// /// //// /// //// 10127 10129 2342 10125 2314 //// ///
21 ////////00////////00////////00////////00////////00////////00////////00////////00////////00////////00////////00////////00=
22 F2281 243318 1181931 00150 ///// 4
23 20140504000000 355 018 006 011 041 024 2313 002 019 038 042 2306 0000 0230 0230 0000 0221 2309 058 058 2357 163 0143 10131 10131 2354 10127 2301 //// ///
24 ////////00////////00////////00////////00////////00////////00////////00////////00////////00////////00////////00////////00=
25 F2283 243223 1181341 00189 ///// 4
26 20140504000000 040 011 036 011 040 018 2304 037 011 035 028 2303 0000 0230 0234 2351 0225 2301 060 059 2355 169 0148 10133 10135 2342 10132 2301 //// ///
27 ////////00////////00////////00////////00////////00////////00////////00////////00////////00////////00////////00////////00=
28 F2286 241608 1180753 00980 ///// 4
```

图 9.5　自动气象站数据资料格式(具体资料格式见附录 B)

(3)利用数据处理软件处理多个自动气象站资料，计算每半小时温度、湿度变化特征。

9.6　实习范例

9.6.1　ArcGIS 简介

ArcGIS 软件是 Esri 公司集 40 多年地理信息系统咨询和研发经验，提供的一套完整的 GIS(Geographic Information System)平台产品。它具有强大的地图制作、空间数据管理、空间分析、空间信息整合、发布与共享的能力。ArcGIS 作为一个可伸缩的平台，无论是在桌面、服务器、野外还是通过 Web 应用，为个人用户也为群体用户提供 GIS 的功能。本次实习所用到的 ArcMap 是 ArcGIS Desktop 中一个主要的应用程序，具有基于地图的所有功能，包括制图、地图分析和编辑，见图 9.6。ArcMap 通过一个或几个图层集合表达地理信息数据，而在地图窗口中又包含了许多地图元素，包括比例尺、指北针、地图标题和图例等。气象上可通过 ArcMap 实现各气象要素在平面上的分布图。软件的其他相关信息参见官网 https://enterprise.arcgis.com/zh-cn/documentation/install/。

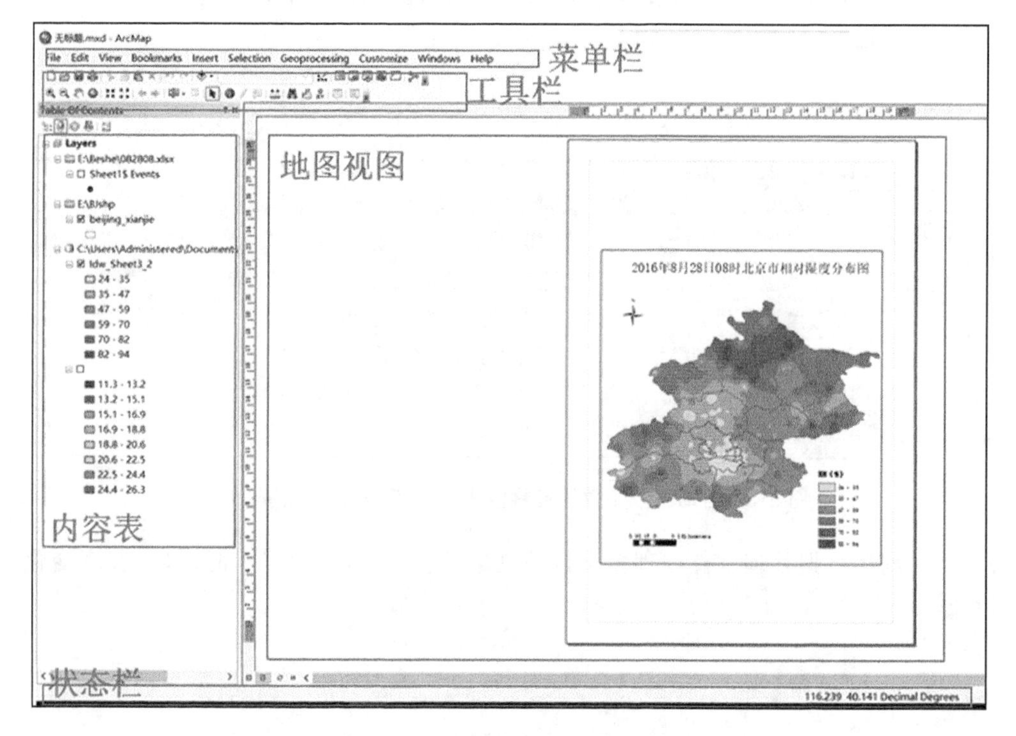

图 9.6　ArcGIS 软件各功能区分布

9.6.2　应用 ArcGIS 软件应用

(1)气象站数据导入(图 9.7)。

Excel 格式：站号，　经度，　纬度，　海拔高度，　观测值

　　　　52533　98.48　39.77　16.6　245

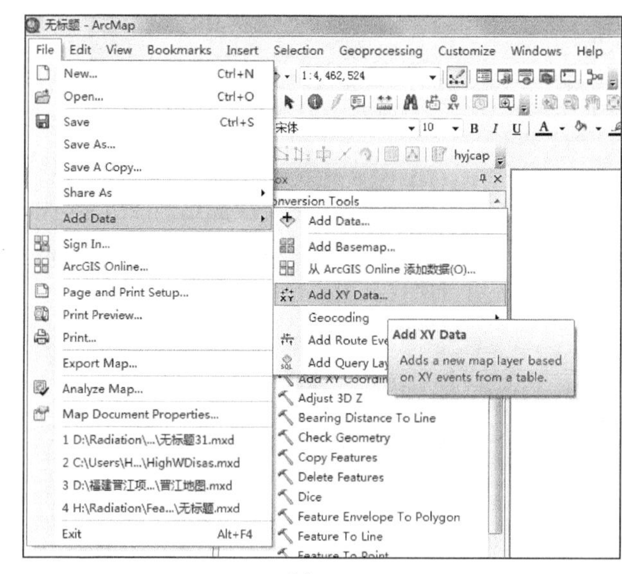

(a)

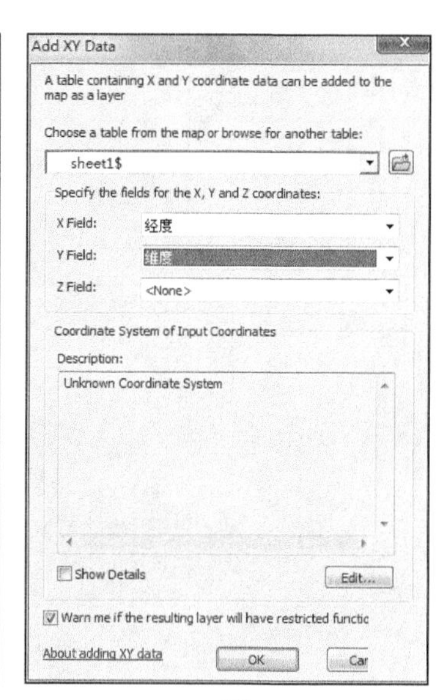

(b)

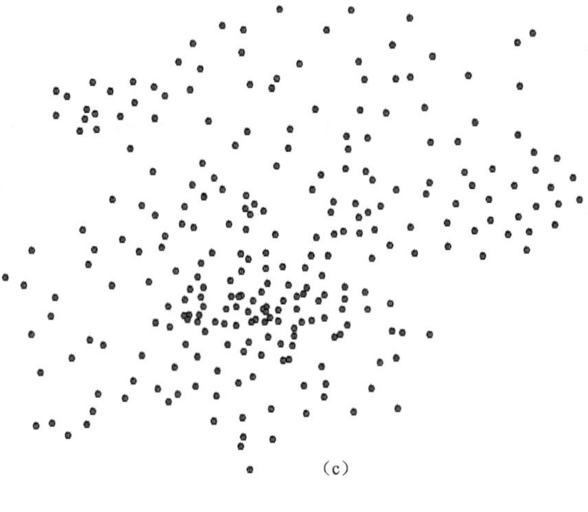
(c)

图 9.7　ArcGIS 数据导入

(a)选择界面；(b)导入界面；(c) 效果图

(2)地图导入(图 9.8)。

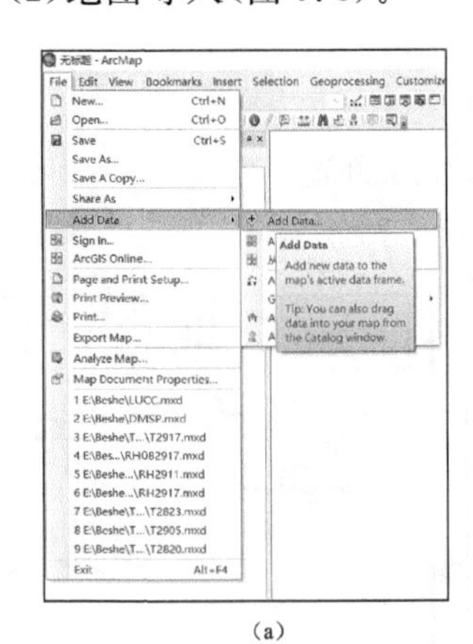

(a)

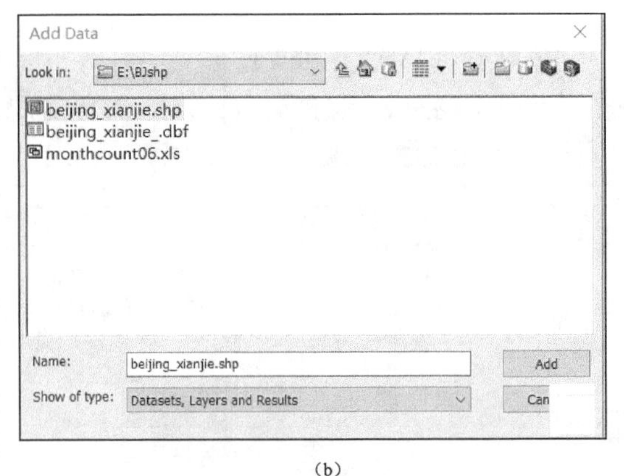

(b)

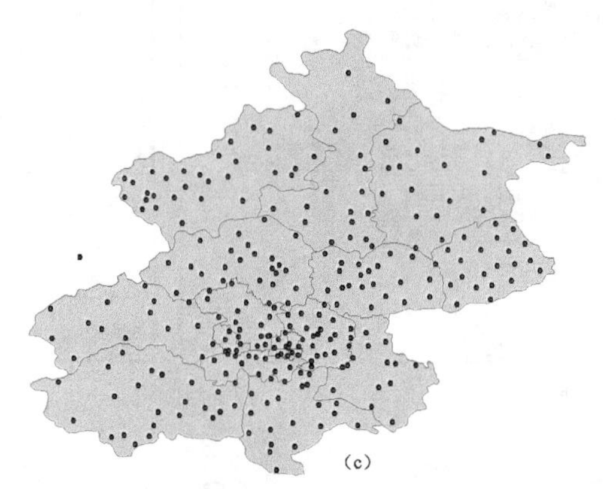

(c)

图 9.8　ArcGIS 地图导入

(a)选择界面;(b)导入界面;(c)效果图

(3)将底图设为无色,右键点击 beijing_xianjie 下的绿色小方框(图 9.9)。

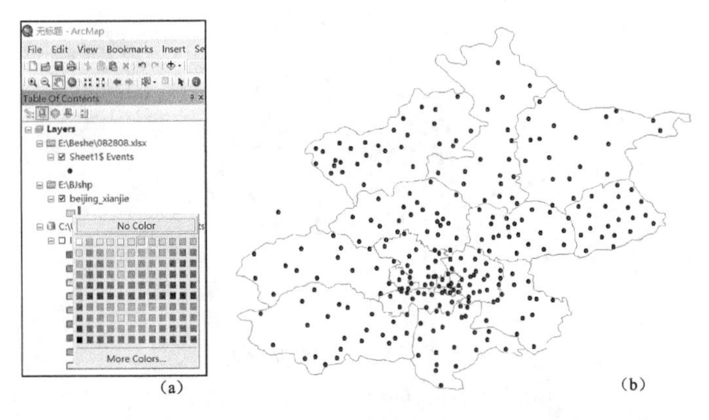

(a)　(b)

图 9.9　设置底色(a)设置底图颜色;(b)效果图

(4)插值:将离散的数据变为网格数据(图9.10,图9.11)。

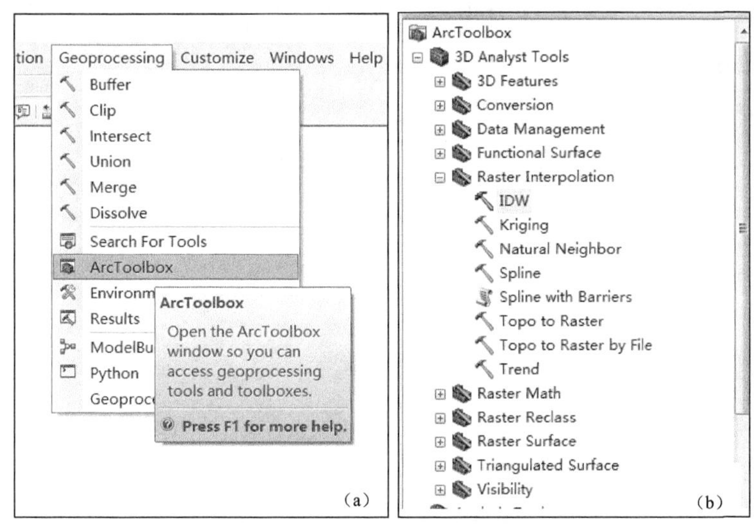

图9.10　插值(a)选择界面;(b)工具栏

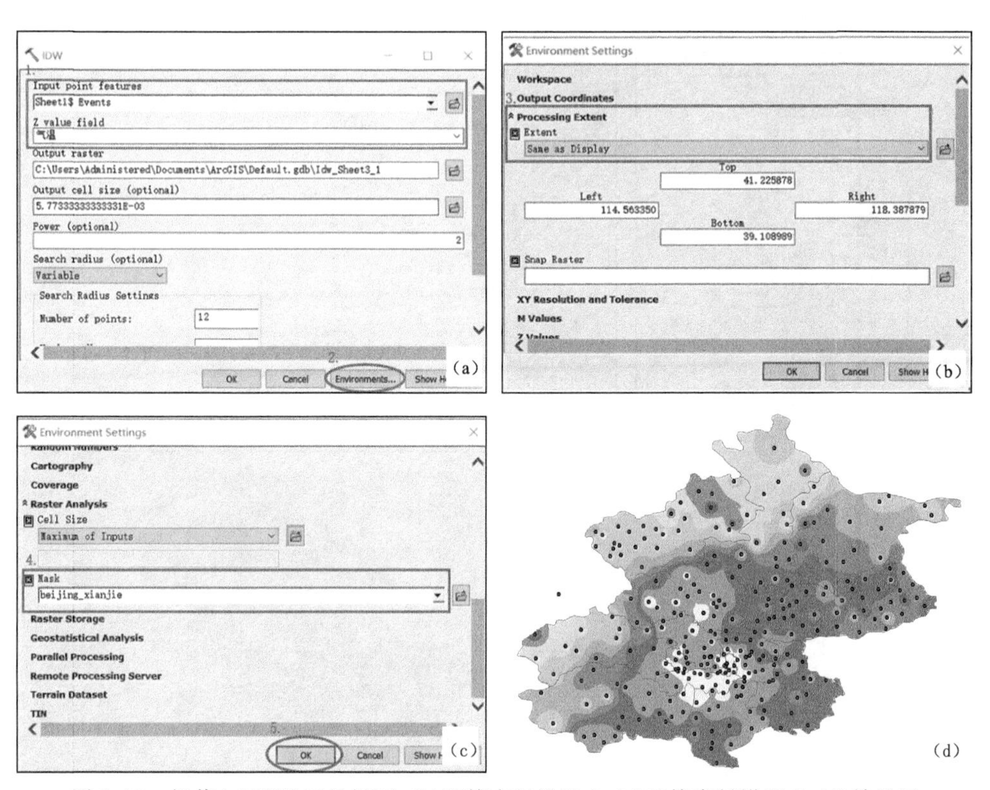

图9.11　插值(a)IDW工具界面;(b)环境变量设置1;(c)环境变量设置2;(d)效果图

(5)图形美化

①取消站点的显示勾选，将不显示站点位置(图 9.12)。

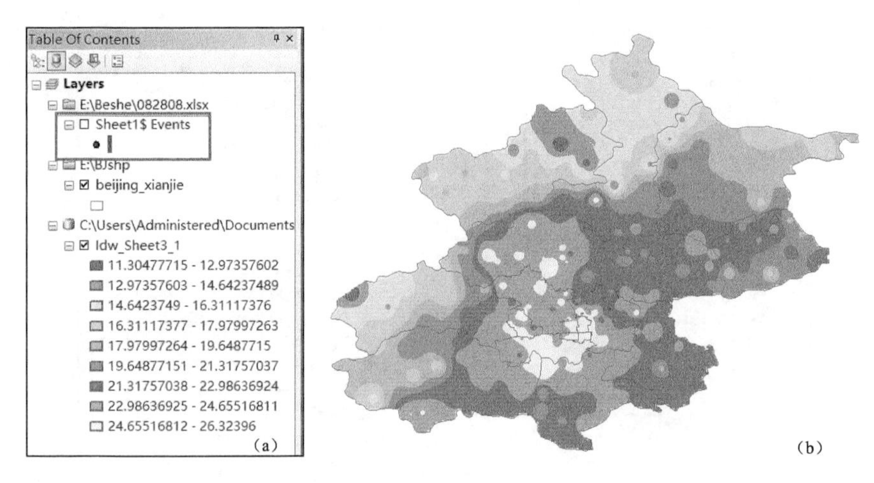

图 9.12　取消站点显示(a)工作区;(b)效果图

②设置插值后气温的分级、颜色(图 9.13)。

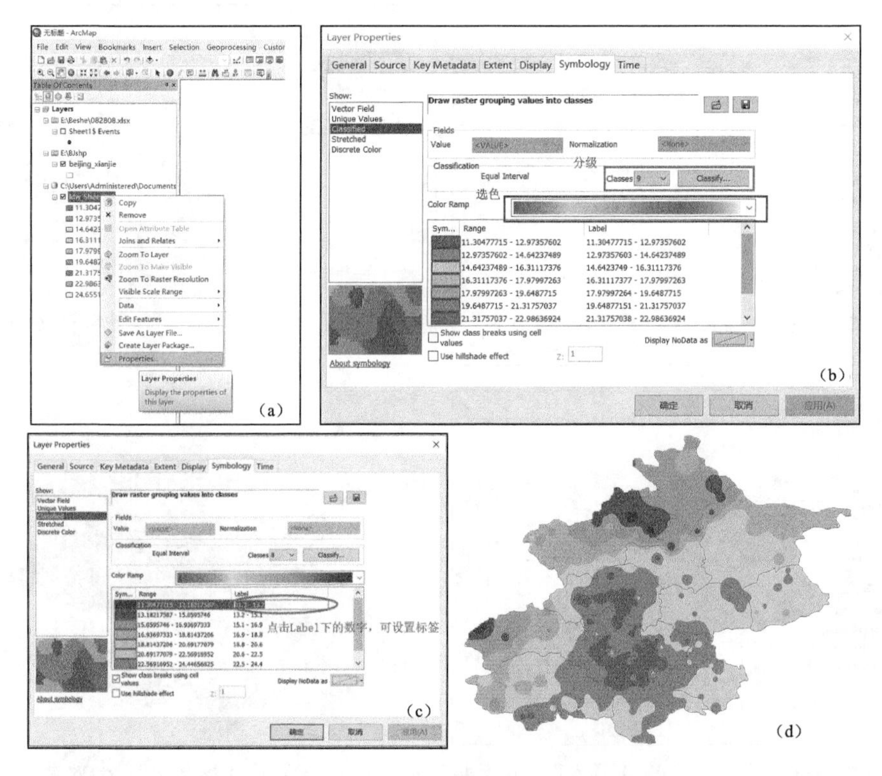

图 9.13　气温分级(a)选择界面;(b)设置界面 1;(c)设置界面 2;(d)效果图

(6)制图及输出(图 9.14)。

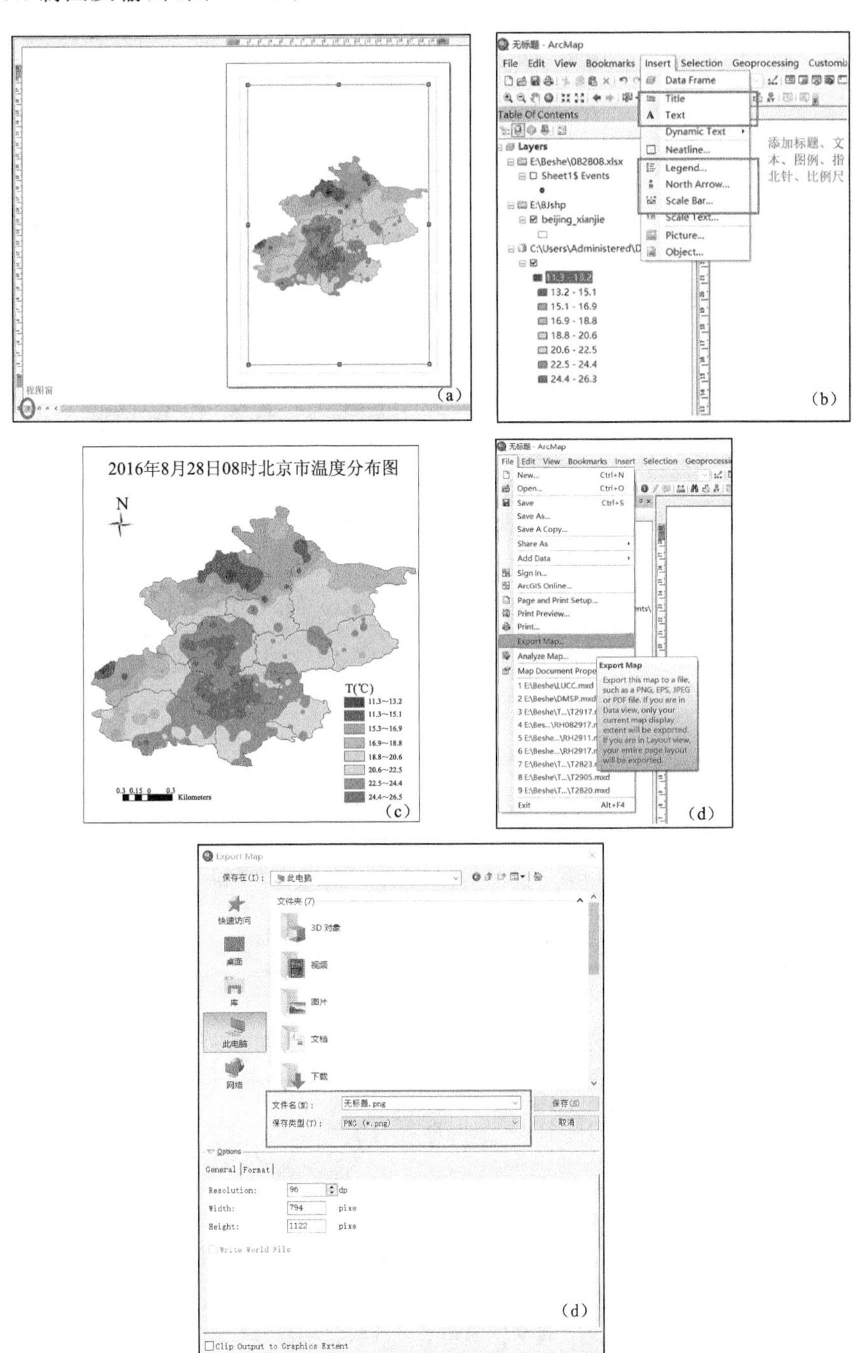

图 9.14 图片输出(a)视图窗界面;(b)添加图片信息;(c)输出效果图;(d)选择界面;(e)输出界面

(7)输出结果(图 9.15)。

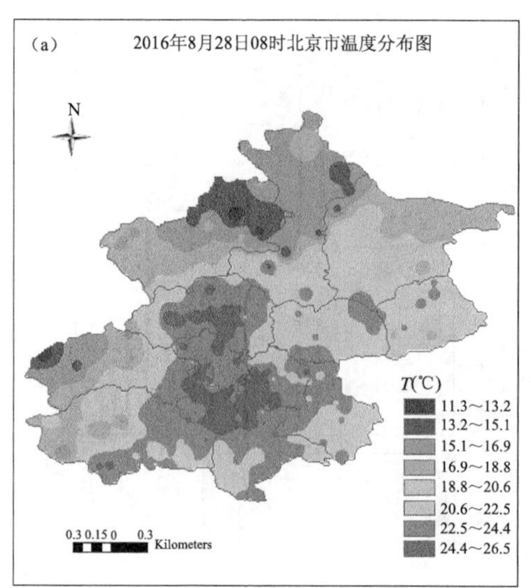

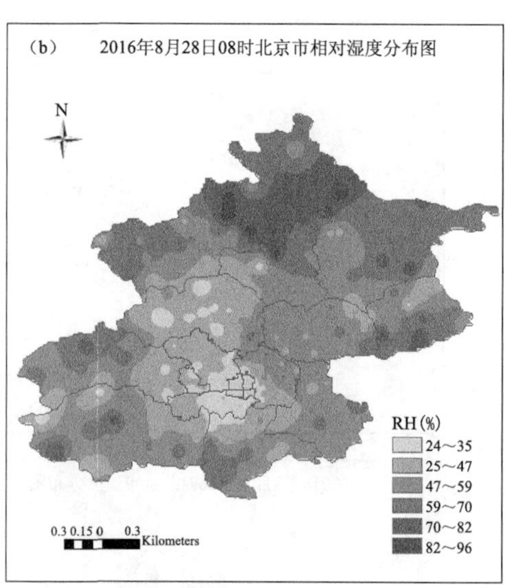

图 9.15　输出结果。2016 年 8 月 28 日北京温度(a)和相对湿度(b)分布(附彩图)

9.7　实习作业

(1)利用半小时平均资料,分析讨论城市与郊区站点温度、湿度的日变化特征。

(2)利用城市与郊区站点分析讨论“城市热岛”“城市湿岛”的特征。

(3)利用 ArcGIS 软件分析讨论“热岛”“湿岛”的水平空间分布特征。

9.8　思考题

(1)自动气象站传感器的采样频率与哪些因素有关?为什么要对观测数据进行平均处理?

(2)城市热岛的空间分布特征与哪些要素有关?

参考文献

任芝花,张志富,孙超,等,2015. 全国自动气象站实时观测资料三级质量控制系统研制[J]. 气象,41(10):1268-1277.

王海军,杨志彪,杨代才,等,2007. 自动气象站实时资料自动质量控制方法及其应用[J]. 气象,33(10):102-109.

附录 A　通量观测系统采集数据文件格式

近地边界层通量观测主要包括边界层大气温度、风、湿度、辐射、气压、降水量、蒸发量、土壤温度、土壤湿度、土壤热通量、地下水位、物质通量(水汽、碳通量)观测及热量、动量通量等要素观测，以此来获取具有不同代表性的下垫面区域上大气边界层的动力、热力结构，以及多圈层相互作用过程中各种能量收支、物质交换等的综合信息。

近地边界层通量观测系统采集的数据文件为数据采集器处理后，通过终端计算机处理软件直接存储到计算机硬盘中的数据文件。数据文件分为湍流观测、梯度观测和风能观测三大类，其中湍流观测数据文件包括两类：一类是用来计算通量的高频原始数据(一般为 10 Hz)，用于后期进行各种数据运算和处理；另一类是数据采集器在线计算得到的通量，以及通量计算中所需要的各种统计量，还包括能量平衡中常规传感器的测量结果。梯度观测数据除满足《地面气象观测规范》的要求外，同时需满足用于近地面边界层能量收支平衡的分析处理原则。风能观测数据是利用通量观测系统来获取除梯度观测资料以外的风资料，它也可以作为梯度观测资料的补充。

近地边界层通量观测系统采集数据文件由表 A.1 中文件组成：

表 A.1　近地边界层通量观测系统采集数据文件

分类	文件名称	内容
湍流观测	PBL_FLUX_O_IIiii_YYYYMMDDHH. TXT	逐时高频采样数据文件，每站每小时一个
	PBL_FLUX_S_IIiii_YYYYMM. TXT	全月逐日每半小时通量数据文件，每站每月一个
梯度观测	PBL_VG_M_IIiii_YYYYMMDD. TXT	梯度观测分钟数据文件，每站每日一个
	PBL_VG_FT_IIiii_YYYYMM. TXT	全月逐日每半小时梯度观测要素值，每站每月一个
风能观测	PBL_ WE_USO_ IIiii_YYYYMMDDHH. TXT	通量观测系统中用于风能观测的三维超声风温仪采集得到的高频采样(10 Hz)的数据文件，每站每小时一个
	PBL_WE_USM_IIiii_YYYYMMDD. TXT	通量观测系统中用于风能观测的三维超声风温仪统计得到的每 10 min 平均值的数据文件，每站每日一个
	PBL_WE_M_IIiii_YYYYMMDD. TXT	通量观测系统中用于风能观测的每日逐分钟风资料数据文件，每站每日一个
	PBL_WE_FT_IIiii_YYYYMM. TXT	通量观测系统中用于风能观测的全月逐日逐小时风资料数据文件，每站每月一个

1. 高频采样数据文件

高频采样数据文件是指通过三维超声风温仪、红外 H_2O/CO_2 分析仪采集得到的高频采样(10 Hz)的数据文件。文件名为 PBL_ FLUX_O_ IIiii_YYYYMMDDHH. TXT,其中 PBL 表示近地边界层观测,FLUX 表示通量类,O 表示原始观测数据,IIiii 为区站号;YYYY 为年份,MM 为月份,DD 为日期,HH 为时(01—24 时),月、日、时不足两位时,前面补“0”,TXT 为固定编码,表示此文件为 ASCII 格式。

(1)该文件每站每时次一个,采用定长的随机文件记录方式写入,每一条记录 77 个字节,记录尾用回车换行结束,ASCII 字符写入,每个要素值高位不足补空格。

(2)该文件的数据从采集器的存储卡(CF 卡等)导入,每 30 min 导入一次。

(3)文件按北京时计时,以北京时 20 时为日界,每小时从 00 分的 0.1 秒开始,60 分 00 秒结束。

(4)文件的第 1 条记录为本站基本参数,内容及分配方式如表 A. 2 所示。

表 A. 2 本站基本参数内容及分配方式

序号	参数	字长	序号	参数	字长
1	区站号	5 字节	9	三维超声风温仪距地(湖、海)面高度	5 字节
2	年	4 字节	10	红外 H_2O/CO_2 分析仪距地(湖、海)面高度	5 字节
3	月	2 字节	11	气压传感器海拔高度	7 字节
4	日	2 字节	12	采集器型号	10 字节
5	时	2 字节	13	保留	10 字节,用“—”填充
6	铁塔所在位置经度	7 字节	14	版本号	5 字节
7	铁塔所在位置纬度	6 字节	15	回车换行	2 字节
8	梯度塔所处地(湖、海)面海拔高度	7 字节			

存储规定:

(1)经度和纬度按度分秒存放,经度的度为 3 位,分和秒均为 2 位,高位不足补“0”,如经度 109 度 02 分 03 秒存“1090203”;纬度的度为 2 位,分和秒均为 2 位,高位不足补“0”,如北纬 32 度 02 分 03 秒存“320203”。

(2)梯度塔所处地(湖、海)面海拔高度和传感器距地(湖、海)面高度或海拔高度:以 m 为单位,保留 1 位小数。

(3)采集器型号:10 个半角字符,若型号超长,只取主要型号予以标识。

(4)版本号:以便版本升级和功能扩展,本次为 V1.00。

(5)该文件中每 0.1 秒为一条记录,每分钟 600 条记录,每小时 36000 条记录。记录号的计算为:

$$N=m\times60+\mathrm{int}(s)\times10+(s-\mathrm{int}(s))\times10+1$$

式中,N:记录号;m:分,s:秒。

文件第 1 条后的每一条记录,存 10 个要素的采集值,以 ASCII 字符写入,每个要素或变量的长度及顺序分配如表 A.3。

表 A.3　要素或变量的长度及顺序分配

序号	要素或变量名	字长	单位	说明
1	时分秒(北京时)	10 字节		格式:hh:mm:ss.s
2	数据记录			
3	水平风速(x 轴)	9 字节	$m\cdot s^{-1}$	整数 2 位,小数 5 位,小数点 1 位,当为负值时前面加"—"号
4	水平风速(y 轴)	9 字节	$m\cdot s^{-1}$	整数 2 位,小数 5 位,小数点 1 位,当为负值时前面加"—"号
5	垂向风速(z 轴)	9 字节	$m\cdot s^{-1}$	整数 2 位,小数 5 位,小数点 1 位,当为负值时前面加"—"号
6	二氧化碳绝对密度	8 字节	$mg\cdot m^{-3}$	整数 4 位,小数 3 位,小数点 1 位
7	水蒸汽绝对密度	8 字节	$g\cdot m^{-3}$	整数 3 位,小数 4 位,小数点 1 位
8	超声虚温	8 字节	℃	整数 2 位,小数 4 位,小数点 1 位,当为负值时前面加"—"号
9	本站气压	7 字节	hPa	整数 4 位,小数 2 位,小数点 1 位
10	诊断值 1	1 字节		指示系统和各传感器运行状态
11	诊断值 2			
12	诊断值 3			
13	回车换行	2 字节		

存储规定:

(1)"时分秒"作为记录识别标志用,时分各两位,高位不足补"0",秒为 4 位,取 1 位小数,时分秒之间用":"分隔,如"01:08:00.1"。

(2)各要素或变量的位数不足时,高位用空格补齐。

(3)若要素或变量缺测,则均应按约定的字长,每个字节位均存入一个"/"字符。

2. 通量数据文件

通量数据文件是指数据采集器通过涡动协方差方法在线计算得到的通量，以及计算中所需要的各种统计量和能量平衡中常规传感器的测量结果的数据文件。文件名为 PBL_ FLUX_S_IIiii_YYYYMM. TXT，其中 PBL 表示近地边界层观测，FLUX 表示通量类，S 表示统计值，IIiii 为区站号；YYYY 为年份，MM 为月份，不足两位时，前面补“0”，TXT 为固定编码，表示此文件为 ASCII 格式。

(1)该文件每站每月一个，采用定长的随机文件记录方式写入，每一条记录 436 个字节，记录尾用回车换行结束，ASCII 字符写入。

(2)该文件的数据从采集器读入，每 30 分钟写入一次。

(3)文件按北京时计时，以北京时 20 时为日界，每日北京时的上一日 20 时后开始，至北京时当日的 20 时结束。

(4)文件的第 1 条记录为本站基本参数，内容及分配方式如表 A. 4 所示。

表 A. 4　通量数据文件本站基本参数内容及分配方式

序号	参数	字长	序号	参数	字长
1	区站号	5 字节	10	采集器型号标识	10 字节
2	年	4 字节	11	三维超声风温仪型号	8 字节
3	月	2 字节	12	红外 H_2O/CO_2 分析仪型号	8 字节
4	铁塔所在位置经度	7 字节	13	地表植被状况编码	1 字节
5	铁塔所在位置纬度	6 字节	14	植被高度	4 字节
6	梯度塔所处地(湖、海)面海拔高度	6 字节	15	保留	354 字节，用“—”填充
7	三维超声风温仪距地(湖、海)面高度	5 字节	16	版本号	5 字节
8	红外 H_2O/CO_2 分析仪距地(湖、海)面高度	5 字节	17	回车换行	2 字节
9	气压传感器海拔高度	6 字节			

存储规定：

①经度和纬度按度分秒存放，经度的度为 3 位，分和秒均为 2 位，高位不足补“0”，如经度 109 度 02 分 03 秒存“1090203”；纬度的度为 2 位，分和秒均为 2 位，高位不足补“0”，如北纬 32°02′03″存“320203”。

②梯度塔所处地(湖、海)面海拔高度、传感器距地(湖、海)面或海拔高度和植被高度：以 m 为单位，保留 1 位小数。无植被时，植被高度填 0. 0。

③采集器型号：10 个半角字符，若型号超长，只取主要型号予以标识。

④三维超声风温仪和红外 H_2O/CO_2 分析仪型号：8 个半角字符，若型号超长，只取主要型号予以标识。

⑤地表植被状况按如表 A.5 所示情况编码：

表 A.5 地表植被状况编码

植被状况	沙漠	戈壁	草原	农田	森林	水面	洋面	自然草坪
编码	0	1	2	3	4	5	6	7

⑥版本号：以便版本升级和功能扩展，本次为 V1.00。

(5)该文件中每 30 分钟、整点一条记录，每小时 2 条记录，每日 48 条记录。记录号的计算为：

$$N=D\times 48+(H-20)\times 2+\mathrm{int}(m/30)+1$$

式中，N：记录号；D：北京时日期，对于北京时的上月最后一天的 21—24 时 D 取 0；H：北京时，m：分。如每月 1 日第 2 条记录应为北京时的上月最后一天的 20 时 30 分的数据，这时 $N=2$，如 4 日 23 时，则 $N=199$。

文件第 1 条后的每一条记录，存 62 个要素的统计值，以 ASCII 字符写入，每个要素的长度及顺序分配如表 A.6。

表 A.6 通量数据文件要素统计值的长度及顺序分配

序号	要素名	字长	单位	说明
1	年月日时分(北京时)	16 字节		格式：YYYY-MM-DD hh:mm
2	经过 WPL 变换的二氧化碳通量	8 字节	$mg\cdot m^{-2}\cdot s^{-1}$	必须有小数点，为负值时前面加“—”号，位数不足时低位补“0”
3	经过 WPL 变换的潜热通量	8 字节	$W\cdot m^{-2}$	同上
4	用超声虚温计算得到的显热通量	8 字节	$W\cdot m^{-2}$	同上
5	动量通量	8 字节	$kg\cdot m^{-1}\cdot s^{-2}$	同上
6	摩擦风速	8 字节	$m\cdot s^{-1}$	必须有小数点，位数不足时低位补“0”
7	未经过 WPL 修正的二氧化碳通量	8 字节	$mg\cdot m^{-2}\cdot s^{-1}$	必须有小数点，为负值时前面加“—”号，位数不足时低位补“0”
8	未经过 WPL 修正的潜热通量	8 字节	$W\cdot m^{-2}$	同上
9	二氧化碳通量 WPL 变换的潜热修正项	8 字节	$mg\cdot m^{-2}\cdot s^{-1}$	同上
10	二氧化碳通量 WPL 变换的显热修正项	8 字节	$mg\cdot m^{-2}\cdot s^{-1}$	同上
11	潜热通量 WPL 变换的潜热修正项	8 字节	$W\cdot m^{-2}$	同上
12	潜热通量 WPL 变换的显热修正项	8 字节	$W\cdot m^{-2}$	同上
13	垂直风速 U_z 的方差	8 字节	$(m\cdot s^{-1})^2$	必须有小数点，位数不足时低位补“0”
14	垂直风速 U_z 和水平风速 U_x 的协方差	8 字节	$(m\cdot s^{-1})^2$	必须有小数点，为负值时前面加“—”号，位数不足时低位补“0”

续表

序号	要素名	字长	单位	说明
15	垂直风速 U_z 和水平风速 U_y 的协方差	8字节	$(m \cdot s^{-1})^2$	同上
16	垂直风速和二氧化碳密度的协方差	8字节	$mg \cdot m^{-2} \cdot s^{-1}$	同上
17	垂直风速 U_z 和水蒸汽密度的协方差	8字节	$g \cdot m^{-2} \cdot s^{-1}$	同上
18	垂直风速 U_z 和超声虚温的协方差	8字节	$m \cdot ℃ \cdot s^{-1}$	同上
19	水平风速 U_x 的方差	8字节	$(m \cdot s^{-1})^2$	必须有小数点，位数不足时低位补“0”
20	水平风速 U_x 和 U_y 的协方差	8字节	$(m \cdot s^{-1})^2$	必须有小数点，为负值时前面加“—”号，位数不足时低位补“0”
21	水平风速 U_x 和二氧化碳密度的协方差	8字节	$mg \cdot m^{-2} \cdot s^{-1}$	同上
22	水平风速 U_x 和水蒸汽密度的协方差	8字节	$g \cdot m^{-2} \cdot s^{-1}$	同上
23	水平风速 U_x 和超声虚温的协方差	8字节	$m \cdot ℃ \cdot s^{-1}$	同上
24	水平风速 U_y 的方差	8字节	$(m \cdot s^{-1})^2$	必须有小数点，位数不足时低位补“0”
25	水平风速 U_y 和二氧化碳密度的协方差	8字节	$mg \cdot m^{-2} \cdot s^{-1}$	必须有小数点，为负值时前面加“—”号，位数不足时低位补“0”
26	水平风速 U_y 和水蒸汽密度的协方差	8字节	$g \cdot m^{-2} \cdot s^{-1}$	同上
27	水平风速 U_y 和超声虚温的协方差	8字节	$m \cdot ℃ \cdot s^{-1}$	同上
28	二氧化碳密度的方差	8字节	$(mg \cdot m^{-3})^2$	必须有小数点，位数不足时低位补“0”
29	水蒸汽密度的方差	8字节	$(g \cdot m^{-3})^2$	同上
30	超声虚温的方差	8字节	$℃^2$	同上
31	水平风速 U_x 均值	7字节	$m \cdot s^{-1}$	同上
32	水平风速 U_y 均值	7字节	$m \cdot s^{-1}$	同上
33	垂直风速 U_z 均值	7字节	$m \cdot s^{-1}$	同上
34	二氧化碳密度均值	7字节	$mg \cdot m^{-3}$	必须有小数点，位数不足时低位补“0”
35	水蒸汽密度均值	7字节	$g \cdot m^{-3}$	同上
36	超声虚温均值	7字节	℃	同上
37	本站气压均值	7字节	hPa	同上
38	空气密度均值	7字节	$kg \cdot m^{-3}$	同上
39	由同高度上气温和湿度计算得到的水汽密度均值	7字节	$g \cdot m^{-3}$	同上
40	由同高度上气温计算得到的空气温度均值	7字节	℃	必须有小数点，为负值时前面加“—”号，位数不足时低位补“0”

续表

序号	要素名	字长	单位	说明
41	由同高度上相对湿度计算得到的空气相对湿度均值	7字节	%	必须有小数点，位数不足时低位补“0”
42	由同高度上气温和湿度计算得到的水汽压均值	7字节	hPa	同上
43	平均水平风速	7字节	$m \cdot s^{-1}$	同上
44	矢量合成水平风速	7字节	$m \cdot s^{-1}$	同上
45	罗盘坐标系下的风向方位角	7字节	°	同上
46	合成风向的标准偏差	7字节	(°)	必须有小数点，为负值时前面加“—”号，位数不足时低位补“0”
47	协方差计算中有效样本总数	7字节		取整数，位数不足时高位补空
48	超声风传感器警告的总次数	7字节		同上
49	H_2O/CO_2 分析仪警告的总次数	5字节		同上
50	超声风传感器虚温温度差警告总次数	5字节		同上
51	超声风传感器信号锁定警告总次数	5字节		同上
52	超声风传感器信号放大高警告总次数	5字节		同上
53	超声风传感器信号放大低警告总次数	5字节		同上
54	H_2O/CO_2 分析仪断路器警告总次数	5字节		同上
55	H_2O/CO_2 分析仪检测器警告总次数	5字节		同上
56	H_2O/CO_2 分析仪相位锁定循环	5字节		同上
57	H_2O/CO_2 分析仪同步警告总次数	5字节		同上
58	H_2O/CO_2 分析仪 AGC 均值	0字节		同上
59	超声风传感器警告的总次数	5字节		同上
60	H_2O/CO_2 分析仪警告的总次数	3字节		同上
61	电池电压均值	4字节		取1位小数，位数不足高位补空
62	面板温度均值	5字节		同上
63	回车换行	2字节		

存储规定：

①“年月日时分”作为记录识别标志用，格式为 YYYY-MM-DD hh:mm，月日时分高位不足补“0”。

②若要素缺测，则均应按约定的字长，每个字节位均存入一个“/”字符。

附录 B　自动气象站数据文件格式

1. 自动气象站数据接口文件格式设计

自动气象站数据文件需满足气象观测规范要求，因此在原自动气象站相关数据文件基础上，考虑今后功能扩展，以及数据文件的可读性，对原 Z 文件、FJ. TXT 文件的格式做出如下调整，增加了辐射要素数据 H 文件。

(1)Z 文件格式调整

①原 Z 文件中每条记录为 240 个字节，现在每条记录后，增加回车(13)换行(10)符号，即每条记录为 242 个字节。

②原 Z 文件的第一条记录作为文件头，在原定义内容中取消“总辐射遥测登记、净辐射遥测登记、直接辐射遥测登记、散射辐射遥测登记、反辐射遥测登记”，以“—”填充相应位置；在第 236～240 位置处写入版本号“V2.00”，以利于今后的版本升级和功能扩展。

③原规定的正点数据是在 56 分采集，现改为 00 分采集的数据，即 00 分为正点。

④原规定的日照采用真太阳时，现改为地方平均太阳时。

(2)大风遥测数据文件 FJ. TXT 格式调整

①原来规定存放 10 条记录，现改为存放 20 条记录。

②原 FJ. TXT 文件每条记录为 16 个字节，现在每条记录后，增加回车(13)换行(10)符号，即每条记录为 18 个字节。

(3)为适应辐射观测要求，增加了辐射要素数据 H 文件。

2. 基本文件格式描述

根据以上原则，自动气象站接口数据文件由以下文件组成，见表 B.1。

表 B.1　自动气象站接口数据文件组成

文件名称	文件说明	简介
ZIIiiiMM. YYY	地面常规要素定时数据文件	保存全月每天正点时刻的地面常规要素值
ZZ. TXT	地面常规要素实时数据文件	保存每分钟的地面常规要素值
FJ. TXT	大风遥测数据文件	保存达到大风标准的数据，只保留最近 20 次的记录
HIIiiiMM. YYY	辐射定时数据文件	保存全月每天每个定时的辐射要素值
HH. TXT	辐射实时数据文件	保存每分钟的辐射要素值

3. 地面常规要素定时数据文件 ZIIIiiiMM. YYY

(1)＜ZIIIiiiMM. YYY＞(文件名中“Z”为指示符、IIiii 为站号、MM 为月份、YYY 为年份的后 3 位)该文件为随机文件，每月一个，记录采用定长类型，每一条记录 242 个字节，记录尾用回车换行结束，ASCII 字符存盘，每个要素值高位不足补空格。

(2)＜ZIIIiiiMM. YYY＞第一次生成时应进行初始化，初始化的过程是：首先检测盘上原先有没有＜ZIIIiiiMM. YYY＞，如原先没有，而是首次形成该文件则应把全月、每天、每个时次存放雨量位置的每个字节全部填入 ASCII 码为“255”的压缩代码，其他要素的位置一律存“----”字符(4 个减号)。

(3)＜ZIIIiiiMM. YYY＞按北京时计时，气候观测数据以北京时 20 时为日界，正点定时遥测数据中正点观测时间的含义是指北京时的 00 分。

(4)＜ZIIIiiiMM. YYY＞的第一条记录为文件头，内容为本站月基本参数，长度为 242 个字节，每一项参数长为 5 个字节，最后两字节为回车换行，内容如表 B.2 所示。

①存储规定

(a)经度和纬度的分保留两位，高位不足补“0”，如北纬 32°02′存“03202”。

(b)海拔高度和通风速度保留一位小数，扩大 10 倍存入。

(c)遥测(Ⅰ)型选择存“1”、遥测(Ⅱ)型选择存“2”。

(d)遥测登记：有该项目存“1”，无该项目存“0”。

(e)干湿表系数 Ai，应把原值扩大 10^{7} 倍后存入。例如 Ai＝000667，则存入 6670。

(f)所有要素位数不足的，在前面用空格填充。

(g)版本号：在文件头的最后 5 个字节中写上 V2.00，以利将来版本升级和功能扩展。

表 B.2 地面常规要素定时数据内容

序号	要素名	字节长度	序号	要素名	字节长度
1	区站号	5 字节	17	雨量遥测登记	5 字节
2	年	5 字节	18	感雨器遥测登记	5 字节
3	月	5 字节	19	地面温度遥测登记	5 字节
4	经度	5 字节	20	5 cm 地温遥测登记	5 字节
5	纬度	5 字节	21	10 cm 地温遥测登记	5 字节
6	气压表海拔高度	5 字节	22	15 cm 地温遥测登记	5 字节
7	定时观测次数	5 字节	23	20 cm 地温遥测登记	5 字节
8	干湿表系数 Ai 值	5 字节	24	40 cm 地温遥测登记	5 字节
9	观测场海拔高度	5 字节	25	80 cm 地温遥测登记	5 字节
10	遥测选型登记	5 字节	26	160 cm 地温遥测登记	5 字节
11	干球遥测登记	5 字节	27	320 cm 地温遥测登记	5 字节
12	湿球遥测登记	5 字节	28	日照遥测登记	5 字节
13	湿敏电容遥测登记	5 字节	29	蒸发遥测登记	5 字节
14	气压遥测登记	5 字节	30	保留	90 字节,用“－”填充
15	风向遥测登记	5 字节	31	版本号	5 字节
16	风速遥测登记	5 字节	32	回车换行符	2 字节

②Z 文件中每一时次为一条记录,每天 24 条记录。

记录号的计算方法:$N=D\times24+T-19$。

式中:N—记录号;

D—北京时日期(月末一天 21—23 时的日期 D 取 0);

T—北京时。

如:每月 1 日第 2 条记录应为北京时的上月最后一天的 21 时的数据,这时 $N=2$,如 4 日 23 点,则 $N=100$。

③<ZIIIiiiMM. YYY>中的每一条记录,存 46 个要素的定时值,以 ASCII 字符存盘,除每小时雨量为 60 个字节外,其他每一要素长度为 4 字节,分配如表 B.3 所示。

存储要求:

(a)定时遥测数据中正点值的含义是指北京时正点采集的数据。

(b)“日、时”作为识别标志用,日、时各两位,高位不足补“0”,其中“日”是按北京时的日期;“时”是指定时正点小时数。

(c)日照采用地方平均太阳时,日界为地方平均太阳时的 24 时 00 分,每月 1 日 0—1 时的日照存入第 2 条记录的第 46 号字段……1 日 23—24 时的日照存入第 25 条记录的第 46 号字段。

表 B.3 地面常规要素定时数据文件要素长度分配

序号	要素名	字节长度	序号	要素名	字节长度
1	日、时(北京时)	4字节	25	水汽压	4字节
2	2分钟风向	4字节	26	露点温度	4字节
3	2分钟平均风速	4字节	27	本站气压	4字节
4	10分钟平均风向	4字节	28	最高本站气压	4字节
5	10分钟平均风速	4字节	29	最高本站气压出现时间	4字节
6	最大风速时风向	4字节	30	最低本站气压	4字节
7	最大风速	4字节	31	最低本站气压出现时间	4字节
8	最大风速时间	4字节	32	地面温度	4字节
9	阵风风向	4字节	33	地面最高温度	4字节
10	阵风风速	4字节	34	地面最高温度出现时间	4字节
11	阵风最大时风向	4字节	35	地面最低温度	4字节
12	阵风最大时风速	4字节	36	地面最低温度出现时间	4字节
13	阵风最大时间	4字节	37	5 cm 地温	4字节
14	雨量	60字节	38	10 cm 地温	4字节
15	干球温度	4字节	39	15 cm 地温	4字节
16	最高气温	4字节	40	20 cm 地温	4字节
17	最高气温出现时间	4字节	41	40 cm 地温	4字节
18	最低气温	4字节	42	80 cm 地温	4字节
19	最低气温出现时间	4字节	43	160 cm 地温	4字节
20	湿球温度	4字节	44	320 cm 地温	4字节
21	湿敏电容	4字节	45	蒸发量	4字节
22	相对湿度	4字节	46	日照	4字节
23	最小相对湿度	4字节	47	回车换行	2字节
24	最小相对湿度出现时间	4字节			

(d)各种极值存上次正点观测至本次正点观测这一时段内的极值。

(e)雨量是从上次正点观测至本次正点观测这一时段内的雨量,共60个字节,一分钟一个字节。

(f)数据记录单位:数据的记录单位应遵守《地面气象观测规范》规定,存储各要素值不含小数点,具体规定如表B.4所示。

表 B.4 数据记录单位

要素名	记录单位	存储规定
气压	0.1 hPa	扩大 10 倍
温度	0.1℃	扩大 10 倍
相对湿度	1%	原值
水汽压	0.1 hPa	扩大 10 倍
露点温度	0.1℃	扩大 10 倍
雨量	0.1 mm	扩大 10 倍
风向	1°	原值
风速	0.1 m/s	扩大 10 倍
日照	0.1 h	扩大 10 倍
蒸发	0.1 mm	扩大 10 倍
时间	月、日、时、分	各取二位高位不足补 0

其中：

(a)气压值≥1000.0 hPa 者先减去 1000.0，再乘以 10 后存入；

(b)若要素缺测或无记录，除有特殊规定外，则均应按约定的字长，每个字节位均存入一个“-” 字符(“----”)；

(c)雨量是一分钟一个字节，该字节存该分钟雨量的压缩代码(表达式为 YMYM＝CHRMYM(R)其中“YMYM”为压缩码，“R”为每分钟降水量)，压缩代码(字符)的 ASCII 码值即为该分钟雨量的 10 倍值(单位：0.1 mm，并规定 253 为微量降水，254 表示没有观测，255 表示缺测)遥测雨量计停止使用期(含冬季停用或长期故障停用)一律存 254，作为识别标志。

(d)冬季湿球停用，用湿敏电容测定湿度时，除在湿敏电容数据位写入相应的数据值外，同时应将求出的相对湿度值存入相对湿度数据位置，在湿球位置一律存“＊＊＊＊”(四个星号)作为识别标志。

(e)所有要素位数不足的，在前面用空格填充。

4. 地面常规要素实时数据文件 ZZ.TXT

<ZZ.TXT>第一次生成时应进行初始化，初始化的过程是：首先检测盘上原先是否有<ZZ.TXT>。如没有，而是首次形成该文件则应把存放雨量的位置的每个字节全部填入 ASCII 码“255”的压缩代码，其他要素的记录位置一律存 “----”字符(四个减号)。

<ZZ.TXT>为随机文件，存 46 个要素的实时值，以 ASCII 字符存盘共 240 个

字节，除每分钟雨量为1个字节每小时雨量为60个字节外，其他每一要素长度为4字节，分配如表B.5。

表 B.5　地面常规要素实时数据文件要素长度分配情况

序号	要素名	字节长度	序号	要素名	字节长度
1	时间(时时分分)	4字节	24	最小相对湿度出现时间	4字节
2	2分钟风向	4字节	25	水汽压	4字节
3	2分钟平均风速	4字节	26	露点温度	4字节
4	10分钟平均风向	4字节	27	本站气压	4字节
5	10分钟平均风速	4字节	28	最高本站气压	4字节
6	最大风速时风向	4字节	29	最高本站气压出现时间	4字节
7	最大风速	4字节	30	最低本站气压	4字节
8	最大风速时间	4字节	31	最低本站气压出现时间	4字节
9	阵风风向	4字节	32	地面温度	4字节
10	阵风风速	4字节	33	地面最高温度	4字节
11	阵风最大时风向	4字节	34	地面最高温度出现时间	4字节
12	阵风最大时风速	4字节	35	地面最低温度	4字节
13	阵风最大时时间	4字节	36	地面最低温度出现时间	4字节
14	雨量	60字节	37	5厘米地温	4字节
15	干球温度	4字节	38	10厘米地温	4字节
16	最高气温	4字节	39	15厘米地温	4字节
17	最高气温出现时间	4字节	40	20厘米地温	4字节
18	最低气温	4字节	41	40厘米地温	4字节
19	最低气温出现时间	4字节	42	80厘米地温	4字节
20	湿球温度	4字节	43	160厘米地温	4字节
21	湿敏电容	4字节	44	320厘米地温	4字节
22	相对湿度	4字节	45	保留----	4字节
23	最小相对湿度	4字节	46	保留----	4字节

说明：

(1)时间中的时、分各两位，高位不足补0，时、分指北京时的实际时间。

(2)若要素缺测或无记录则存入“----”。

(3)各要素极值应是从上次正点观测后到本次观测这一时段内的极值。

(4)雨量是从上次正点观测后到本次观测这一时段内的各分钟雨量，共 60 字节(本次观测在非正点时刻，则该时到下次正点时刻内的相应分钟内应无记录)，一分钟一个字节，该字节存该分钟雨量的压缩代码(字符)，压缩代码(字符)的 ASCII 码值即为该分钟雨量的 10 倍值(单位：0.1 mm，并规定 253 为微量降水，254 表示没有观测，255 表示缺测)，遥测雨量计停止使用期(含冬季停用或长期故障停用)一律存 254，作为识别标志。YMYM＝CHRMYM(R)，YMYM 为压缩码，R 为每分钟降水量。

(5)冬季湿球停用，用湿敏电容测定湿度时，除在湿敏电容数据位写入相应的数据值外，同时应将求出的相对湿度值存入相对湿度数据位置，在湿球位置一律存"****"(四个星号)作为识别标志。

(6)所有要素位数不足的，在前面用空格填充。

(7)数据记录单位的要求和＜ZIIIiiiMM. YYY＞的规定相同。

5. 大风遥测数据文件 FJ. TXT

(1)FJ. TXT 数据存入标准

按照《危险天气通报电码(GD-22II)》和《重要天气报告电码(GD-11II)》规定的阵风风速的发报标准为：

①风速≥17 m/s；

②风速≥20 m/s；

③风速≥24 m/s；

④风速达到 17 m/s 大风后又小于 17 m/s 并已持续 15 min；

⑤风速达到 20 m/s 大风后又小于 17 m/s 并已持续 20 min；

⑥达到以上标准之一时存入有关数据，FJ. TXT 文件内各条记录采用滚动方式存贮，最新一次数据放在第一条记录。

(2)FJ. TXT 数据存入格式

FJ. TXT 为随机文件，以 ASCII 字符存盘，共 20 条记录，每条记录 18 个字节(最后两个字节为回车换行)，每一要素长度 4 字节，分配如表 B. 6 所示。

表 B. 6　大风遥测数据文件要素长度分配情况

月、日	时、分	风向	风速	回车换行
4 字节	4 字节	4 字节	4 字节	2 字节

其中风速是指达到大风标准时到调用数据时，该时间区段内的极大风速，风向与之相对应。月、日、时、分是指风速到达上面一条所规定标准的时间。

6. 辐射定时数据文件 HIIiiiMM. YYY

(1)＜HIIIiiiMM. YYY＞(文件名中“H”为指示符、IIiii 为站号、MM 为月份、YYY 为年份的后 3 位)该文件为随机文件,每月一个,记录采用定长类型,每一条记录 76 个字节,记录尾以回车换行结束,用 ASCII 字符存盘,按右对齐排列,每个要素值高位不足补空格。

(2)＜HIIIiiiMM. YYY＞第一次生成时应进行初始化,初始化的过程是:首先检测盘上原先有没有＜HIIIiiiMM. YYY＞,如原先没有,而是首次形成该文件则应把全月、每天、每个时次存放位置一律存“----”字符(即 4 个减号)。

(3)＜HIIIiiiMM. YYY＞ 辐射定时数据文件的日界为地方平均太阳时的 24 时 00 分。

(4)＜HIIIiiiMM. YYY＞的第一条记录为文件头,内容为本站月基本参数,长度为 76 个字节,每一项参数长为 5 个字节,最后两字节为回车换行,每一项参数长为 5 个字节。如表 B. 7 所示。

表 B. 7　辐射定时数据文件参数长度分配情况

序号	要素名	位置	存储规定
1	区站号	5 字节	前 2 位为区号,后 3 位为站号
2	年	5 字节	4 位数组成
3	月	5 字节	2 位数组成,高位不足补“0”
4	经度	5 字节	经度和纬度的分保留两位,高位不足补“0”,如北纬 32°02′存“3202”
5	纬度	5 字节	
6	总辐射遥测登记	5 字节	有该项目存“1”,无该项目存“0”
7	净辐射遥测登记	5 字节	
8	直接辐射遥测登记	5 字节	
9	散射辐射遥测登记	5 字节	
10	反射辐射遥测登记	5 字节	
11	曝辐量累积时间	5 字节	以分为单位,1 小时存“60”,半小时存“30”、20 分钟存“20”,常规为“60”。
12	保留	14 字节	用“—”填充
13	版本号	5 字节	当前版本号为:V1.00
14	回车换行符	2 字节	回车换行符

(5)＜HIIIiiiMM. YYY＞的每一条记录存 18 个要素的定时值,以 ASCII 字符存盘,除时间为 6 字节外,其他每一要素长度为 4 字节,分配如下表 B. 8 所示。

表 B.8　辐射定时数据要素长度分配情况

序号	要素名	字节长度	序号	要素名	字节长度
1	时间（日日时时分分）	6 字节	11	水平面直接辐射	4 字节
2	总辐射曝辐量	4 字节	12	散射辐射曝辐量	4 字节
3	总辐射最大值	4 字节	13	散射辐射最大值	4 字节
4	总辐射最大出现时间	4 字节	14	散射辐射最大出现时间	4 字节
5	净辐射曝辐量	4 字节	15	反射辐射曝辐量	4 字节
6	净辐射最大值	4 字节	16	反射辐射最大值	4 字节
7	净辐射最大出现时间	4 字节	17	反射辐射最大出现时间	4 字节
8	直接辐射曝辐量	4 字节	18	日照	4 字节
9	直接辐射最大值	4 字节	19	回车换行符	2 字节
10	直接辐射最大出现时间	4 字节			

①记录号的计算方法：

$$B=60/\text{曝辐量累积时间}\times 24$$

$$N=(D-1)\times B+T+1$$

式中：N—记录号，D—日期(1-31)，T—地平时(1-24)。

②曝辐量记录单位按照《气象辐射观测方法》规定为单位为 $MJ\cdot m^{-2}$(取两位小数)，扩大 100 倍后存入，存储值不含小数点；日照记录单位为 1 分钟，扩大 10 倍，存储值不含小数点。

③根据<HIIIiiiMM. YYY>的文件头第 13 项"曝辐量累积时间"各定时可以为 1 小时，半小时、20 分钟等，当定时为一小时，总辐射曝辐量、净辐射曝辐量、直接辐射曝辐量、散射辐射曝辐量、反射辐射曝辐量存的是每小时辐照度的总量，当定时为 20 分钟时，则总辐射曝辐量、净辐射曝辐量、直接辐射曝辐量、散射辐射曝辐量、反射辐射曝辐量存的是 20 分钟辐照度的总量，以此类推。

④要素的最大值是指存储指定时段内出现的最大辐照度，它是一个瞬时值。

⑤时间中的日、时、分各两位，高位不足补"0"；最大出现时间中的时、分各两位，高位不足补 0。

⑥所有要素位数不足的，在前面用空格填充。

7. 辐射实时数据文件 HH. TXT

<HH. TXT>第一次生成时应进行初始化，初始化的过程是：首先检测盘上原先是否有<HH. TXT>。如没有，而是首次形成该文件则应把存放要素的记录位置一律存"----"字符(四个减号)。

＜HH. TXT＞为随机文件，存6个要素的瞬时值，以ASCII字符存盘共24个字节，每一要素长度为4字节，分配如表B.9所示。

表B.9 辐射实时数据要素长度分配情况

序号	要素名	字节长度	序号	要素名	字节长度
1	时间	4字节	4	直接辐射辐照度	4字节
2	总辐射辐照度	4字节	5	散射辐射辐照度	4字节
3	净辐射辐照度	4字节	6	反射辐射辐照度	4字节

(1)时间中的时、分各两位，高位不足补0，时、分指北京时的实际时间。

(2)总辐射、净辐射、直接辐射、散射辐射、反射辐射的辐照度存每分钟的实时值，高位不足补0。

(3)所有要素位数不足的，在前面用空格填充。

(4)辐射定义

辐照度E:在单位时间内，投射到单位面积上的辐射能，也就是通常观测到的瞬时值。单位为$W \cdot m^{-2}$(取整数)。

曝辐量H:指一段时间(如一天)辐照度的总量或称累积量。单位为$MJ \cdot m^{-2}$(取两位小数)$1MJ \cdot m^{-2} = 10^6\ W \cdot m^{-2}$。

附录C 高空探测数据文件格式

1. 文件名编码规则

文件名:Z_UPAR_I_IIiii_yyyymmddhhMMss_O_TEMP—观测方式.txt

打包文件名:Z_UPAR_C_CCCC_yyyymmddhhMMss_ O _TEMP—观测方式.txt

打包原则:只有相同观测方式的数据才能打在一个数据包中。

其中Z表示国内交换;UPAR表示高空观测的大类代码;I表示后面的指示码为区站号;IIiii表示观测点的区站号;C表示后面的指示码为编报中心;CCCC表示编报中心;yyyymmddhhMMss表示本文件中观测数据第一条记录的时间(世界时，年月日时分秒共14位数字);O表示观测资料;TEMP表示探空类观测资料;“—”为分割符。

观测方式目前有如表 C.1 所示设置方式。

表 C.1 观测方式

标识	含义
L	表示 L 波段探空资料
G	表示卫星导航探空资料
P	表示 400 兆电子探空仪资料

2. 数据格式

探空系统秒级观测资料上传文件包括两部分内容，一部分是元数据信息，即测站、探空仪参数及本次观测相关的元数据信息；另一部分是采样数据实体部分，包括秒数据和分钟数据，涉及的要素包括采样时间、气温、气压、湿度、仰角、方位、距离、经度偏差和纬度偏差。

该文件为顺序数据文件，共包含 7 段内容，每段记录内容参见下列各表。

记录内每组间用 1 个半角空格分隔，缺测组用该组对应的额定长度个'/'表示；各组观测数据(字母数据除外)长度小于额定长度的，整数部分高位补 0(零)，小数部分低位补 0；各组观测数据(字母数据除外)符号位如果是正号用 0 表示，如果是负号用'—'(减号)表示。

每条记录尾用回车换行"<CR><LF>"结束

第 1 段为操作软件的版本信息，本段每个采集站点有且仅有一条记录，记录内容如表 C.2 所示。

表 C.2 操作软件版本信息

序号	各组含义	长度	说明
1	VERSION	6 字节	关键字
2	操作软件版本号	5 字节	操作软件版本号，其中 2 位整数，2 位小数
3	回车换行	2 字节	

第 2 段为测站基本参数，本段每个采集站点有且仅有一条记录，记录内容如表 C.3 所示。

表 C.3 测站基本参数

序号	各组含义	长度	说明
1	区站号	5 字节	5 位数字或第 1 位为字母，第 2～5 位为数字
2	经度	9 字节	测站的经度，以度为单位，其中第 1 位为符号位，东经取正，西经取负，3 位整数，4 位小数

续表

序号	各组含义	长度	说明
3	纬度	8字节	测站的纬度,以度为单位,其中第1位为符号位,北纬取正,南纬取负,2位整数,4位小数
4	观测场海拔高度	7字节	观测场海拔高度,以米为单位,其中第1位为符号位,4位整数,1位小数
5	回车换行	2字节	

第3段为观测仪器参数,本段每个采集站点有且仅有一条记录,记录内容如表C.4所示。

表C.4　观测仪器参数

序号	各组含义	长度	说明
1	观测系统型号	10字节	观测系统型号代码,代码说明表参见观测系统型号代码一览表,代码不能出现空格
2	观测系统天线高度	4字节	观测系统天线距水银槽的高度,以m为单位,2位整数,1位小数
3	探空仪型号	10字节	探空仪型号代码,代码说明表参见探空仪型号代码一览表,代码不能出现空格
4	仪器编号	12字节	探空仪的编号
5	施放计数	3字节	本月内观测仪施放累计数
6	球重量	4字节	携带探空仪的施放球重量,单位为克
7	附加物重量	4字节	附加物重量,单位为克
8	总举力	4字节	总举力,单位为克
9	净举力	4字节	净举力,单位为克
10	平均升速	3字节	施放球平均升速,单位为(米/分钟)
11	回车换行	2字节	

第4段为基值测定记录,本段每个采集站点有且仅有一条记录,记录内容如表C.5所示。

表C.5　基值测定记录

序号	各组含义	长度	说明
1	温度基测值	5字节	温度基测值,单位为度,其中1位符号位,2位整数,1位小数
2	温度仪器值	5字节	温度仪器值,单位为度,其中1位符号位,2位整数,1位小数

续表

序号	各组含义	长度	说明
3	温度偏差	4字节	温度偏差(计算方法:温度基测值－温度仪器值),单位为度,其中1位符号位,1位整数,1位小数
4	气压基测值	6字节	气压基测值,单位为百帕,其中4位整数,1位小数
5	气压仪器值	6字节	气压仪器值,单位为百帕,其中4位整数,1位小数
6	气压偏差	4字节	气压偏差(计算方法:气压基测值－气压仪器值),单位为百帕,其中1位符号位,1位整数,1位小数
7	相对湿度基测值	3字节	相对湿度基测值,3位整数
8	相对湿度仪器值	3字节	相对湿度仪器值,3位整数
9	相对湿度偏差	2字节	相对湿度偏差(计算方法:湿度基测值－湿度仪器值),其中1位符号位,1位整数
10	仪器检测结论	1字节	仪器检测结论用1或0表示,其中1表示合格,0表示不合格
11	回车换行	2字节	

第5段为本次观测行为的基本描述信息,本段每个采集站点有且仅有一条记录,记录内容如表C.6所示。

表C.6　本次观测行为基本描述信息

序号	各组含义	长度	说明
1	施放时间(世界时)	14字节	时间采用世界时,其中4位年,2位月,2位日,2位时,2位分,2位秒
2	施放时间(地方时)	14字节	时间采用地方时,其中4位年,2位月,2位日,2位时,2位分,2位秒
3	探空终止时间(世界时)	14字节	时间采用世界时,其中4位年,2位月,2位日,2位时,2位分,2位秒
4	测风终止时间(世界时)	14字节	时间采用世界时,其中4位年,2位月,2位日,2位时,2位分,2位秒
5	探空终止原因	2字节	探空终止原因的编码,编码参见探空测风终止原因一览表
6	测风终止原因	2字节	探空终止原因的编码,编码参见探空测风终止原因一览表
7	探空终止高度	5字节	探空观测终止高度,单位为m
8	测风终止高度	5字节	测风观测终止高度,单位为m

续表

序号	各组含义	长度	说明
9	太阳高度角	7字节	施放瞬间太阳高度角，单位为度，其中1位符号位，3位整数，2位小数
10	施放瞬间本站地面温度	5字节	施放瞬间本站地面温度值，单位为度，其中1位符号位，2位整数，1位小数
11	施放瞬间本站地面气压	6字节	施放瞬间本站地面气压值，单位为百帕，其中4位整数，1位小数
12	施放瞬间本站地面相对湿度	3字节	施放瞬间本站地面相对湿度值，用3位整数表示
13	施放瞬间本站地面风向	3字节	施放瞬间本站地面风向，单位为度，取值范围0～360，用3位整数表示，静风时，风向用0表示，当风向为0度时，用360表示
14	施放瞬间本站地面风速	5字节	施放瞬间本站地面风速，单位为m/s，其中3位整数，1位小数
15	施放瞬间能见度	4字节	施放瞬间能见度，单位为千米，其中2位整数，1位小数
16	施放瞬间本站云属1	2字节	施放瞬间本站云属1的编码，编码参见云属代码一览表
17	施放瞬间本站云属2	2字节	施放瞬间本站云属2的编码，编码参见云属代码一览表
18	施放瞬间本站云属3	2字节	施放瞬间本站云属3的编码，编码参见云属代码一览表
19	施放瞬间本站低云量	3字节	单位为成，取值0～10
20	施放瞬间本站总云量	3字节	单位为成，取值0～10
21	施放瞬间天气现象1	2字节	施放瞬间天气现象1的编码，编码参见天气现象一览表
22	施放瞬间天气现象2	2字节	施放瞬间天气现象2的编码，编码参见天气现象一览表
23	施放瞬间天气现象3	2字节	施放瞬间天气现象3的编码，编码参见天气现象一览表
24	施放点方位角	6字节	施放点方位角，单位为度，取值范围0～360，其中3位整数，2位小数
25	施放点仰角	6字节	施放点仰角，单位为度，取值范围－6～90，其中1位符号位，2位整数，2位小数
26	施放点距离	6字节	观测仪器与观测系统天线之间的直线距离，单位m，用3位整数，2位小数表示
27	回车换行	2字节	

第 6 段为秒级采样数据，该段内容又由三部分组成。

第 1 部分为秒数据开始标志，本部分每个采集站点有且仅有一条记录，固定编发为“ZCZC SECOND”(ZCZC 和 SECOND 中间为一个半角空格)，格式如下表 C.7 所示。

表 C.7　秒数据开始标志格式

序号	各组含义	长度	说明
1	ZCZC SECOND	1 字节	秒数据开始标志
2	回车换行	2 字节	

第 2 部分为秒级采样数据实体部分，本部分每个采集站点包含多条记录且记录数不定，包含从施放点开始到采样结束这一时段内的采集数据，每秒钟最多只有一条记录，如果某秒所有组的数据全部缺测，则该秒不编发记录；如果只是部分组的数据缺测，则这些组采用缺测方式编发，进行补组处理；具体各组数据格式如下表 C.8 所示。

表 C.8　秒级采样数据实体部分格式

序号	各组含义	长度	说明
1	采样相对时间	5 字节	采样时间相对于施放时间差，单位为秒，从 0 开始编发
2	采样时温度	5 字节	采样时温度值，单位为度，其中 1 位符号位，2 位整数，1 位小数
3	采样时气压	6 字节	采样时气压值，单位为百帕，其中 4 位整数，1 位小数
4	采样时相对湿度	3 字节	采样时相对湿度值，3 位整数
5	采样时仰角	6 字节	施放点仰角，单位为度，取值范围－6～90，其中 1 位符号位，2 位整数，2 位小数
6	采样时方位	7 字节	采样时方位角，单位为度，取值范围 0～360，其中 3 位整数，2 位小数
7	采样时距离	7 字节	观测仪器与观测系统天线之间的直线距离，单位千米，其中 3 位整数，3 位小数
8	采样时经度偏差	6 字节	采样时的经度－测站经度，以度为单位，其中 1 位符号位，1 位整数，3 位小数
9	采样时纬度偏差	6 字节	采样时的纬度－测站纬度，以度为单位，其中 1 位符号位，1 位整数，3 位小数
10	风向	3 字节	风向，单位为度，取值范围 0～360，用 3 位整数表示，当风向为 0 度时，用 360 表示
11	风速	3 字节	风速，单位为 m/s
12	高度	5 字节	探空位势高度，单位位势米，其中 5 位整数
13	回车换行	2 字节	

第3部分为秒数据结束标志，本部分每个采集站点有且仅有1条记录，固定编发为“NNNN”，格式如下表C.9所示。

表C.9　秒数据结束标志格式

序号	各组含义	长度	说明
1	NNNN	4字节	秒数据结束标志
2	回车换行	2字节	

第7段为分钟数据，该段内容又由三部分组成。

第1部分为分钟数据开始标志，本部分每个采集站点有且仅有1条记录，固定编发为“ZCZC MINUTE”（ZCZC和MINUTE中间一个半角空格），格式如下表C.10所示。

表C.10　分钟数据实体部分格式

序号	各组含义	长度	说明
1	ZCZC MINUTE	1字节	分钟数据结束标志
2	回车换行	2字节	

第2部分为分钟数据实体部分，本部分每个采集站点包含多条记录且记录数不定，包含从施放点开始到采样结束这一时段内的各分钟的数据，每分钟最多只有一条记录，如果某分钟所有组的数据全部缺测，则该分钟不编发记录；如果只是部分组的数据缺测，则这些组采用缺测方式编发，进行补组处理；具体各组数据格式如下表C.11所示。

表C.11　分钟数据实体部分格式

序号	各组含义	长度	说明
1	相对时间	5字节	计算时间相对于施放时间差，单位为分钟，从0开始编发
2	温度	5字节	温度计算值，单位为度，其中1位符号位，2位整数，1位小数
3	气压	6字节	气压计算值，单位为百帕，其中4位整数，1位小数
4	相对湿度	3字节	采样时相对湿度值，3位整数
5	风向	3字节	风向，单位为度，取值范围0～360，用3位整数表示，当风向为0度时，用360表示
6	风速	3字节	风速，单位为m/s
7	高度	5字节	探空位势高度，单位位势米，其中5位整数，
8	经度偏差	6字节	经度－测站经度，以度为单位，其中1位符号位，1位整数，3位小数
9	纬度偏差	6字节	纬度－测站纬度，以度为单位，其中1位符号位，1位整数，3位小数
10	回车换行	2字节	

第 3 部分为分钟数据结束标志。一个文件中只有一条，固定编发为“NNNN”，格式如下表 C. 12 所示。

表 C. 12 分钟数据结束标志格式

序号	各组含义	长度	说明
1	NNNN	4 字节	分钟数据结束标志
2	回车换行	2 字节	

附录 D 风廓线雷达通用数据格式

1. 文件名编码规则

根据实际需求，建议使用长文件名命名法，对各类文件名进行约定。文件名中的观测时间均为观测结束时间。

(1)原始数据文件

原始数据文件包括功率谱数据文件、瞬时径向谱数据文件，对于原始数据文件，建议每次观测生成一个文件，文件名具体命名方法如下：

Z_RADR_I _IIiii_yyyyMMddhhmmss_O_WPRD_雷达型号_数据类型 . TTT

其中 Z 为国内交换文件；RADR 为雷达资料；I 表示后面的 IIiii 为风廓线雷达站的区站号；IIiii 为区站号(按地面气象站的区站号)；yyyy 为观测时间(年)(20 * * —)；MM 为观测时间(月)(01—12)；dd 为观测时间(日)(01—31)；hh 为观测时间(时)(00—23)；mm 为观测时间(分)(59)；ss 为观测时间(秒)(00—59)；O 为观测数据；WPRD 为风廓线雷达资料；雷达型号见表 D. 1；数据类型：功率谱数据文件用 FFT 表示；径向数据文件用 RAD 表示；TTT：当 TTT＝BIN 时，表示二进制文件；当 TTT＝TXT 时，表示文件格式为 ASCII(注：文件中的观测时间用世界时表示)。

表 D. 1 风廓线雷达型号标识符

雷达种类	说明	标识符
风廓线雷达	P 波段，对流层Ⅰ型风廓线雷达	PA
	P 波段，对流层Ⅱ型风廓线雷达	PB
	L 波段，边界层风廓线雷达	LC

(2)产品数据文件

产品数据文件包括实时的采样高度上的产品数据文件，半小时平均的采样高度上的产品数据文件，一小时平均的采样高度上的产品数据文件，文件名具体命名方法如下：

Z_RADR_I_IIiii_yyyyMMddhhmmss_P_WPRD_雷达型号_产品标识.TXT

其中Z为国内交换文件；RADR为雷达资料；I表示后面的IIiii为风廓线雷达站的区站号；IIiii为区站号(按地面气象站的区站号)；yyyy为观测时间(年)(20 * * —)；MM为观测时间(月)(01—12)；dd为观测时间(日)(01—31)；hh为观测时间(时)(00—23)；mm为观测时间(分)(00—59)；ss为观测时间(秒)(00—59)；P为产品数据；WPRD为风廓线雷达资料；雷达型号见表D.1；产品标识见表D.2；TXT表示文件格式为ASCII(注：文件中的观测时间用世界时表示)。

表D.2 风廓线雷达产品标识

产品	产品标识
实时的采样高度上的产品数据文件	ROBS
半小时平均的采样高度上的产品数据文件	HOBS
一小时平均的采样高度上的产品数据文件	OOBS

2. 功率谱数据文件

功率谱数据文件由文件标识、测站基本参数、性能参数、观测参数及观测数据组成，全部为二进制格式，功率谱数据文件根据需求实时动态生成。格式说明见附录A。

3. 径向数据文件

(1)文件组成单位

一次探测形成一个文件。

(2)文件框架

文件的整体框架如下，其中斜线部分只有用五波束或六波束观测时才有：WNDRAD；测站基本参数；低模式雷达性能参数；低模式观测参数；RAD FIRST；波束1观测数据；NNNN；RAD SENCOND；波束2观测数据；NNNN；RAD THIRD；波束3观测数据；NNNN；RAD FOURTH；波束4观测数据；NNNN；RAD FIFTH；波束5观测数据；NNNN；RAD SIXTH；波束6观测数据；NNNN；中模式雷达性能参数；中模式观测参数；RAD FIRST；波束1观测数据；NNNN；RAD SENCOND；波束2观测数据；NNNN；RAD THIRD；波束3观测数据；NNNN；RAD FOURTH；波束4观测数据；NNNN；RAD FIFTH；波束5观测数据；NNNN；RAD SIXTH；波束6观测数据；NNNN；高模式雷达性能参数；高模式观测参数；RAD FIRST；波束 1 观测数据；NNNN；RAD SENCOND；波束 2 观测数据；NNNN；RAD THIRD；波束 3 观测数据；NNNN；RAD FOURTH；波束 4 观测数据；NNNN；RAD FIFTH；波束 5 观测数据；NNNN；RAD SIXTH；波束 6 观测数据；NNNN。

(3)文件结构

风廓线雷达径向数据文件包括两部分内容，一部分是参考信息即测站基本参数、雷达性能参数、观测参数；另一部分是观测数据实体部分，包括每个波束在每个采样高度上的观测数据，包括采样高度、速度谱宽、信噪比、径向度。该文件为文本文件。每段记录内容参见表 D.3 至表 D.14。

记录内每组间用 1 个半角空格分隔，缺测组用该组对应的额定长度个‘/’表示各组探测数据（字母数据除外），长度小于额定长度的整数部分高位补 0（零，小数部分低位补 0）；各组探测数据（字母数据除外）符号位如果是正号用 0 表示，如果是负号用‘—’（减号）表示。每条记录尾用回车换行“＜CR＞＜LF＞”结束。

第 1 段为数据格式的版本信息，本段每个采集站点有且仅有一条记录，记录内容参见表 D.3。

表 D.3　第 1 段记录格式说明表

序号	各组含义	额定长度	说明
1	WNDRAD	6 字节	关键字
2	文件版本号	5 字节	数据格式版本号，其中 2 位整数，2 位小数
3	回车换行	2 字节	

第 2 段为测站基本参数，本段每个采集站点有且仅有一条记录，记录内容参见表 D.4。

表 D.4　第 2 段记录格式说明表

序号	各组含义	额定长度	说明
1	区站号	5 字节	五位数字或第一位为字母，第二至五位为数
2	经度	9 字节	测站的经度，以度为单位，其中第一位为符号位，东经取正，西经取负，三位整数，四位小数
3	纬度	8 字节	测站的纬度，以度为单位，其中第一位为符号位，北纬取正，南纬取负，两位整数，四位小数
4	观测场海拔高度	7 字节	观测场海拔高度，以米为单位，其中第一位为符号位，四位整数，一位小数
5	风廓线雷达型号	2 字节	风廓线雷达型号，具体标识见表 2
6	回车换行	2 字节	

第3段为低模式雷达性能参数，本段每个采集站点有且仅有一条记录，记录内容参见表D.5。

表D.5　第3段记录格式说明表

序号	各组含义	额定长度	说明
1	天线增益	2字节	天线增益(分贝)两位整数
2	馈线损耗	4字节	馈线损耗(分贝)两位整数，一位小数
3	东波束与铅垂线的夹角	4字节	东波束与铅垂线的夹角(度)，两位整数，一位小数
4	西波束与铅垂线的夹角	4字节	西波束与铅垂线的夹角(度)，两位整数，一位小数
5	南波束与铅垂线的夹角	4字节	南波束与铅垂线的夹角(度)，两位整数，一位小数
6	北波束与铅垂线的夹角	4字节	北波束与铅垂线的夹角(度)，两位整数，一位小数
7	中(行)波束与铅垂线的夹角(度)	4字节	中(行)波束与铅垂线的夹角(度)，两位整数，一位小数
8	中(列)波束与铅垂线的夹角(度)	4字节	中(列)波束与铅垂线的夹角(度)，两位整数，一位小数
9	波束数	1字节	扫描波束数，一位整数
10	采样频率	3字节	采样频率(赫兹)，三位整数
11	发射波长	4字节	发射波长(毫米)，四位整数
12	脉冲重复频率	5字节	脉冲重复频率(赫兹)，五位整数
13	脉冲宽度	4字节	脉冲宽度(微秒)，两位整数，一位小数
14	水平波束宽度	2字节	水平波束宽度(度)，两位整数
15	垂直波束宽度	2字节	垂直波束宽度(度)，两位整数
16	发射峰值功率	4字节	发射峰值功率(千瓦)，两位整数，一位小数
17	发射平均功率	4字节	发射平均功率(千瓦)，两位整数，一位小数
18	起始采样高度	3字节	起始采样高度(米)，三位整数
19	终止采样高度	5字节	终止采样高度(米)，五位整数
20	回车换行	2字节	

第4段为低模式观测参数，本段每个采集站点有且仅有一条记录，记录内容参见表D.6。

表D.6　第4段记录格式说明表

序号	各组含义	额定长度	说明
1	时间来源	1字节	时间来源，一位整数 0:计算机时钟 1:GPS 2:其他

续表

序号	各组含义	额定长度	说明
2	观测开始时间	14 字节	时间采用世界时，其中四位年，两位月，两位日，两位时，两位分，两位秒
3	观测结束时间	14 字节	时间采用世界时，其中四位年，两位月，两位日，两位时，两位分，两位秒
3	标校状态	1 字节	标校状态，一位 0：无标校 1：自动标校 2：一周内人工标校 3：一月内人工标校
4	非相干积累	3 字节	非相干积累，三位整数
5	相干积累	3 字节	相干积累，三位整数
6	FFT 点数	4 字节	FFT 点数，四位整数
7	谱平均数	3 字节	谱平均数，三位整数
8	波束顺序标志	6 字节	波束顺序标志（东、南、西、北、中（行），中（列）分别用 E、S、W、N、R、L 表示，填在字符串相应的位置上），六位，不足六位在后面补上'/'
9	东波束方位角修正值	5 字节	东波束方位角修正值（度），第一位为符号位，顺时针偏离为正，逆时针偏离为负，两位整数，一位小数
10	西波束方位角修正值	5 字节	西波束方位角修正值（度），第一位为符号位，顺时针偏离为正，逆时针偏离为负，两位整数，一位小数
11	南波束方位角修正值	5 字节	南波束方位角修正值（度），第一位为符号位，顺时针偏离为正，逆时针偏离为负，两位整数，一位小数
12	北波束方位角修正值	5 字节	北波束方位角修正值（度），第一位为符号位，顺时针偏离为正，逆时针偏离为负，两位整数，一位小数
13	回车换行	2 字节	

第 5 段为低模式扫描波束 1 观测数据，该段内容由三部分组成：第 1 部分为波束 1 径向数据开始标志，本部分每个采集站点有且仅有一条记录，固定编发为"RAD FIRST"（RAD 和 FIRST 中间为一个半角空格），格式参见表 D.7。

表 D.7　第 5 段第 1 部分开始行格式说明表

序号	各组含义	额定长度	说明
1	RAD FIRST	9 字节	波束 1 径向数据开始标志
2	回车换行	2 字节	

第 2 部分为径向数据实体部分，本部分每个采集站点包含多条记录且记录数不定，包含从起始采样高度开始到终止采样高度这一时段内的采集数据，每个采样高度

最多只有一条记录；具体各组数据格式参见表D.8。

表D.8　第5段第2部分观测数据实体格式说明表

序号	各组含义	额定长度	说明
1	采样高度	5字节	采样高度，五位整数
2	速度谱宽	6字节	速度谱宽，四位整数，一位小数
3	信噪比	6字节	信噪比，第一位为符号位，三位整数，一位小数
4	径向速度	6字节	径向速度，第一位为符号位，朝向雷达为正，离开雷达为负，三位整数，一位小数据
10	回车换行	2字节	

第3部分为波束1观测数据结束标志，本部分每个采集站点有且仅有1条记录，固定编发为“NNNN”，格式参见表D.9。

表D.9　第5段第3部分秒数据结束行格式说明表

序号	各组含义	额定长度	说明
1	NNNN	4字节	结束标志
2	回车换行	2字节	

第6段为低模式扫描波束2观测数据，该段内容由三部分组成：第1部分为波束2径向数据开始标志，本部分每个采集站点有且仅有一条记录，固定编发为“RAD SECOND”(RAD和SECOND中间为一个半角空格)，格式参见表D.10。

表D.10　第6段第1部分开始行格式说明表

序号	各组含义	额定长度	说明
1	RAD SECOND	10字节	波束2径向数据开始标志
2	回车换行	2字节	

第2部分和第3部分的内容与第5段中第2部分和第3部分相同。

第7段为低模式扫描波束3观测数据，该段内容由三部分组成：第1部分为波束3径向数据开始标志，本部分每个采集站点有且仅有一条记录，固定编发为“RAD THIRD”(RAD和THIRD中间为一个半角空格))，格式参见表D.11。

表D.11　第7段第1部分开始行格式说明表

序号	各组含义	额定长度	说明
1	RAD THIRD	9字节	波束3径向数据开始标志
2	回车换行	2字节	

第 2 部分和第 3 部分的内容与第 5 段中第 2 部分和第 3 部分相同。

第 8 段为低模式扫描波束 4 观测数据，该段内容由三部分组成：第 1 部分为波束 4 径向数据开始标志，本部分每个采集站点有且仅有一条记录，固定编发为“RAD FOURTH”(RAD 和 FOURTH 中间为一个半角空格)，格式参见表 D. 12。

表 D. 12　第 8 段第 1 部分开始行格式说明表

序号	各组含义	额定长度	说明
1	RAD FOURTH	10 字节	波束 4 径向数据开始标志
2	回车换行	2 字节	

第 2 部分和第 3 部分的内容与第 5 段中第 2 部分和第 3 部分相同。

第 9 段为低模式扫描波束 5 观测数据，该段内容由三部分组成：第 1 部分为波束 5 径向数据开始标志，本部分每个采集站点有且仅有一条记录，固定编发为“RAD FIFTH”(RAD 和 FIFTH 中间为一个半角空格)，格式参见表 D. 13。

表 D. 13　第 8 段第 1 部分开始行格式说明表

序号	各组含义	额定长度	说明
1	RAD FIFTH	9 字节	波束 5 径向数据开始标志
2	回车换行	2 字节	

第 2 部分和第 3 部分的内容与第 5 段中第 2 部分和第 3 部分相同。

第 10 段为低模式扫描波束 6 观测数据，该段内容由三部分组成：第 1 部分为波束 6 径向数据开始标志，本部分每个采集站点有且仅有一条记录，固定编发为“RAD SIXTH”(RAD 和 SIXTH 中间为一个半角空格))，格式参见表 D. 14。

表 D. 14　第 9 段第 1 部分开始行格式说明表

序号	各组含义	额定长度	说明
1	RAD SIXTH	9 字节	波束 6 径向数据开始标志
2	回车换行	2 字节	

第 2 部分和第 3 部分的内容与第 5 段中第 2 部分和第 3 部分相同。

①若有中模式，则接着重复第 3～10 段内容。

②若有高模式，则接着重复第 3～10 段内容。

4. 实时的采样高度上的产品数据文件

(1)文件组成单位

一次探测形成一个文件。

(2)文件框架

文件的整体框架如下：

WNDROBS；

测站基本参数；

ROBS；

产品数据；

NNNN；

(3)文件结构

风廓线雷达实时的采样高度上的产品数据文件包括两部分内容，一部分是参考信息，即测站基本参数；另一部分是产品数据实体部分，包括每个采样高度上的所获得的数据，有采样高度、水平风向、水平风速、垂直风速、水平方向可信度、垂直方向可信度、C_n^2。该文件为文本文件，共包含3段内容，每段记录内容参见表D.15至表D.19。

记录内每组间用1个半角空格分隔，缺测组用该组对应的额定长度个'/'表示；各组探测数据(字母数据除外)长度小于额定长度的，整数部分高位补0(零)，小数部分低位补0；各组探测数据(字母数据除外)符号位如果是正号用0表示，如果是负号用'－'(减号)表示。

每条记录尾用回车换行"＜CR＞＜LF＞"结束。

第1段为数据格式的版本信息，本段每个采集站点有且仅有一条记录，记录内容参见表D.15。

表D.15　第1段记录格式说明表

序号	各组含义	额定长度	说明
1	WNDROBS	7字节	关键字
2	文件版本号	5字节	数据格式版本号，其中两位整数，两位小数
3	回车换行	2字节	

第2段为测站基本参数，本段每个采集站点有且仅有一条记录，记录内容参见表D.16。

表D.16　第2段记录格式说明表

序号	各组含义	额定长度	说明
1	区站号	5字节	五位数或第一位为字母，第二至五位为数字
2	经度	9字节	测站的经度，以度为单位，其中第一位为符号位，东经取正，西经取负，三位整数，四位小数
3	纬度	8字节	测站的经度，以度为单位，其中第一位为符号位，东经取正，西经取负，三位整数，四位小数

续表

序号	各组含义	额定长度	说明
4	观测场海拔高度	7字节	观测场海拔高度，以米为单位，其中第一位为符号位，四位整数，一位小数
5	风廓线雷达型号	2字节	风廓线雷达型号，具体标识见表2
6	观测时间	14字节	实时观测时为观测结束时间，时间采用世界时，其中四位年，两位月，两位日，两位时，两位分，两位秒
7	回车换行	2字节	

第3段为实时的采样高度上的产品数据，该段内容由三部分组成：第1部分为产品数据开始标志，本部分每个采集站点有且仅有一条记录，固定编发为“ROBS”，格式参见表D.17。

表D.17　第3段第1部分开始行格式说明表

序号	各组含义	额定长度	说明
1	ROBS	4字节	观测数据开始标志
2	回车换行	2字节	

第2部分为实时的采样高度上的产品数据实体部分。本部分每个采集站点包含多条记录且记录数不定，包含从起始采样高度开始到终止采样高度这一时段内的产品数据，每个采样高度最多只有一条记录；具体各组数据格式参见表D.18。

表D.18　第3段第2部分产品数据实体格式说明表

序号	各组含义	额定长度	说明
1	采样高度	5字节	采样高度，五位整数
2	水平风向	5字节	水平风向(度)，三位整数，一位小数
3	水平风速	5字节	水平风速(米/秒)，三位整数，一位小数
4	垂直风速	6字节	垂直风速(米/秒)，第一位为符号位，垂直风向下为正，向上为负，三位整数，一位小数
5	水平方向可信度	3字节	水平方向可信度，三位整数，单位为%，为0～1000的整数
6	垂直方向可信度	3字节	垂直方向可信度，三位整数，单位为%，为0～1000的整数
7	C_n^2	8字节	垂直方向 C_n^2，例如 $2.6e^{-0.24}$
8	回车换行	2字节	

第3部分为实时的采样高度上产品数据结束标志，本部分每个采集站点有且仅有1条记录，固定编发为“NNNN”，格式参见表D.19。

表 D.19　第 3 段第 3 部分秒数据结束行格式说明表

序号	各组含义	额定长度	说明
1	NNNN	4 字节	结束标志
2	回车换行	2 字节	

5. 半小时平均的采样高度上的产品数据文件

(1)文件组成单位

每半点和整点形成一个文件,每天 48 个文件。

(2)文件框架

文件的整体框架如下:

WNDHOBS;

测站基本参数;

HOBS;

产品数据;

NNNN;

(3)文件结构

风廓线雷达半小时平均的采样高度上的产品数据文件包括两部分内容,一部分是参考信息即测站基本参数;另一部分是产品数据实体部分,包括每个采样高度上所获得的数据,有采样高度、水平风向、水平风速、垂直风速、水平方向可信度、垂直方向可信度、C_n^2。

该文件为文本文件,共包含 3 段内容,每段记录内容参见表 D.6、表 D.18 至表 D.21。

记录内每组间用 1 个半角空格分隔,缺测组用该组对应的额定长度个‘/’表示;各组探测数据(字母数据除外)长度小于额定长度的,整数部分高位补 0(零),小数部分低位补 0;各组探测数据(字母数据除外)符号位如果是正号用 0 表示,如果是负号用‘—’(减号)表示。

每条记录尾用回车换行“<CR><LF>”结束。

第 1 段为测站基本参数,本段每个采集站点有且仅有一条记录,记录内容参见表 D.20。

表 D.20　第 1 段记录格式说明表

序号	各组含义	额定长度	说明
1	WNDROBS	7 字节	关键字
2	文件版本号	5 字节	数据格式版本号,其中两位整数,两位小数
3	回车换行	2 字节	

第 2 段为测站基本参数，本段每个采集站点有且仅有一条记录，记录内容参见表 D. 16。

第 3 段为半小时平均的采样高度上的产品数据，该段内容由三部分组成：第 1 部分为观测数据开始标志，本部分每个采集站点有且仅有一条记录，固定编发为“HOBS”，格式参见表 D. 21。

表 D. 21　第 3 段第 1 部分开始行格式说明表

序号	各组含义	额定长度	说明
1	HOBS	4 字节	观测数据开始标志
2	回车换行	2 字节	

第 2 部分为半小时平均的采样高度上的产品数据实体部分，本部分每个采集站点包含多条记录且记录数不定，包含从起始采样高度开始到终止采样高度这一时段内的产品数据，每个采样高度最多只有一条记录；具体各组数据格式参见表 D. 18。

第 3 部分为半小时平均采样高度上产品数据结束标志。本部分每个采集站点有且仅有 1 条记录，固定编发为“NNNN”，格式参见表 D. 19。

6. 一小时平均的采样高度数据文件

(1)文件组成单位

每整点形成一个文件，每天 24 个文件。

(2)文件框架

文件的整体框架如下：

WNDOOBS；

测站基本参数；

OOBS；

产品数据；

NNNN。

(3)文件结构

风廓线雷达一小时平均数据文件包括两部分内容，一部分是参考信息即测站基本参数；另一部分是产品数据实体部分，包括一小时平均的每个采样高度上的所获得的数据，有采样高度、水平风向、水平风速、垂直风速、水平方向可信度、垂直方向可信度、C_n^2。

该文件为文本文件，共包含 3 段内容，每段记录内容参见表 D. 16、表 D. 18 至表 D. 19、表 D. 22 至表 D. 23。

记录内每组间用 1 个半角空格分隔，缺测组用该组对应的额定长度个‘/’表示；

各组探测数据(字母数据除外)长度小于额定长度的,整数部分高位补0(零),小数部分低位补0;各组探测数据(字母数据除外)符号位如果是正号用0表示,如果是负号用‘—’(减号)表示。

每条记录尾用回车换行“<CR><LF>”结束。

第1段为数据格式的版本信息,本段每个采集站点有且仅有一条记录,记录内容参见表D.22。

表D.22　第1段记录格式说明表

序号	各组含义	额定长度	说明
1	WNDROBS	7字节	关键字
2	文件版本号	5字节	数据格式版本号,其中2位整数,2位小数
3	回车换行	2字节	

第2段为测站基本参数,本段每个采集站点有且仅有一条记录,记录内容参见表D.16。

第3段为一小时平均的采样高度上获得的产品数据,该段内容由三部分组成:第1部分为观测数据开始标志,本部分每个采集站点有且仅有一条记录,固定编发为“OOBS”,格式参见表D.23。

表D.23　第3段第1部分开始行格式说明表

序号	各组含义	额定长度	说明
1	OOBS	4字节	观测数据开始标志
2	回车换行	2字节	

第2部分为一小时平均的采样高度上产品数据实体部分。本部分每个采集站点包含多条记录且记录数不定,包含从起始采样高度开始到终止采样高度这一时段内的产品数据,每个采样高度最多只有一条记录;具体各组数据格式参见表D.18。

第3部分为一小时平均的采样高度上产品数据结束标志,本部分每个采集站点有且仅有1条记录,固定编发为“NNNN”,格式参见表D.19。

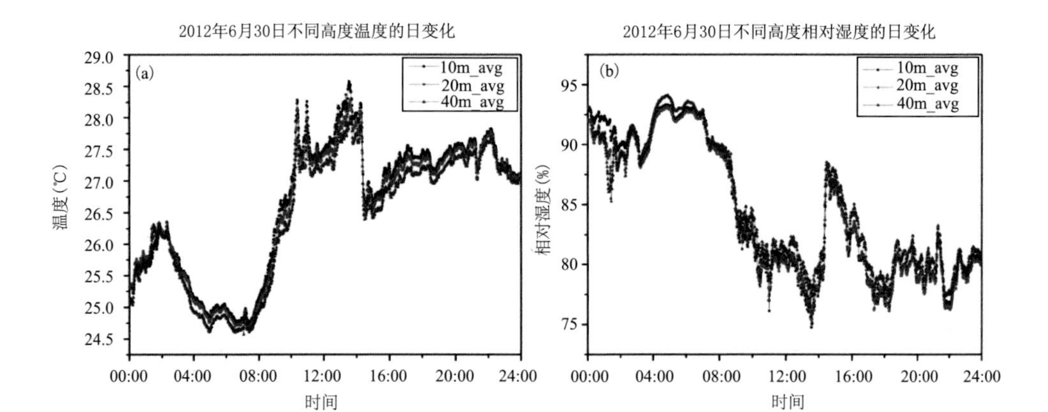

图 3.10　气象塔温度、相对湿度观测数据画图结果

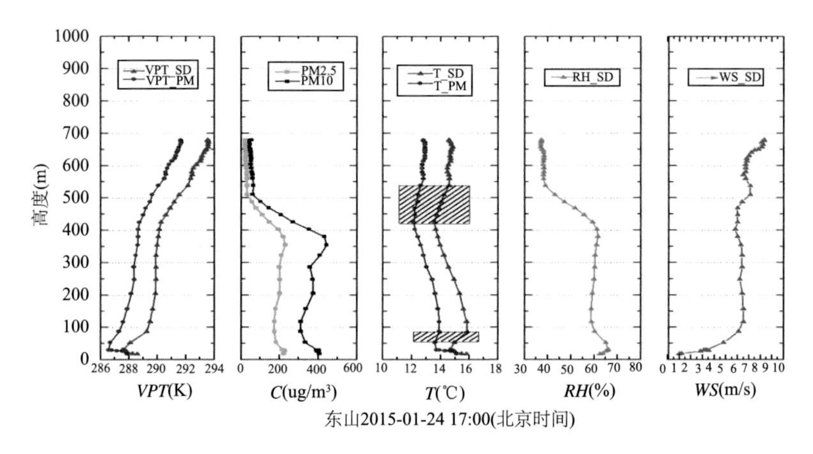

图 4.7　2015 年 1 月 24 日 17 时苏州东山边界层垂直结构及气溶胶粒子垂直分布

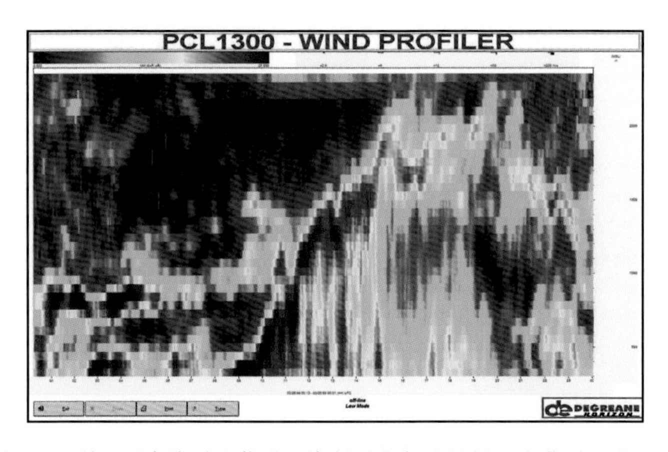

图 5.4　利用风廓线雷达信噪比资料对大气边界层日变化过程的反演

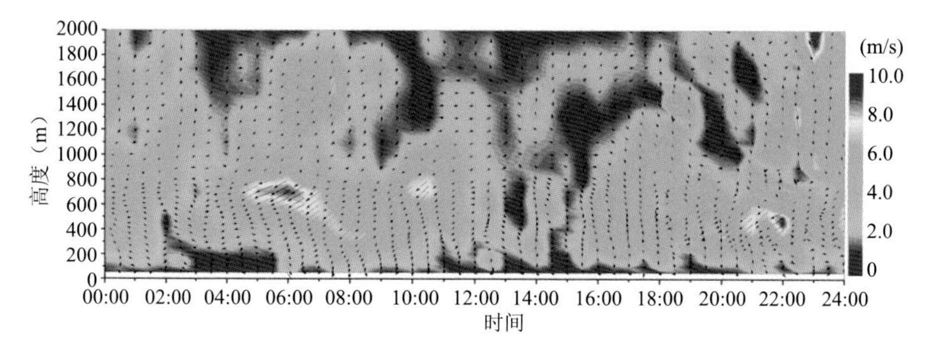

图 5.6　2010 年 12 月 9 日广州五山地区水平风向风速日变化分布

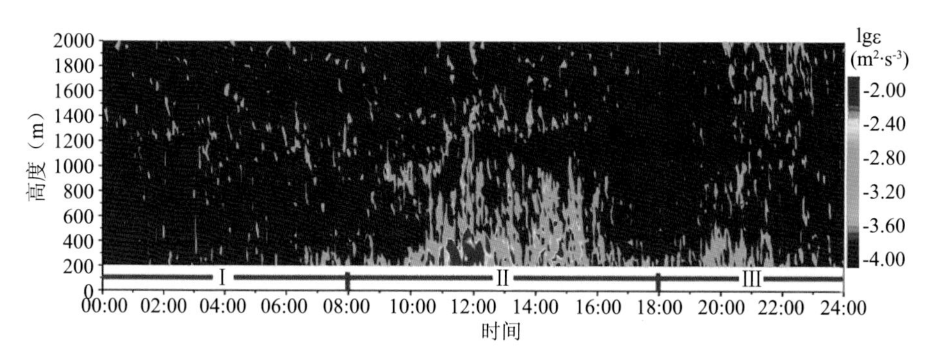

图 5.8　湍流耗散率的日变化

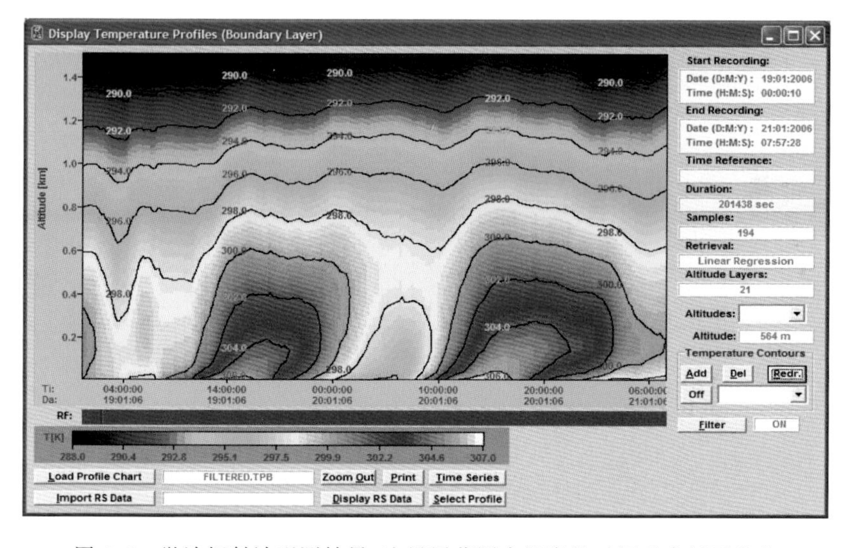

图 6.1　微波辐射计观测结果，边界层范围内温度的时间垂直剖面分布

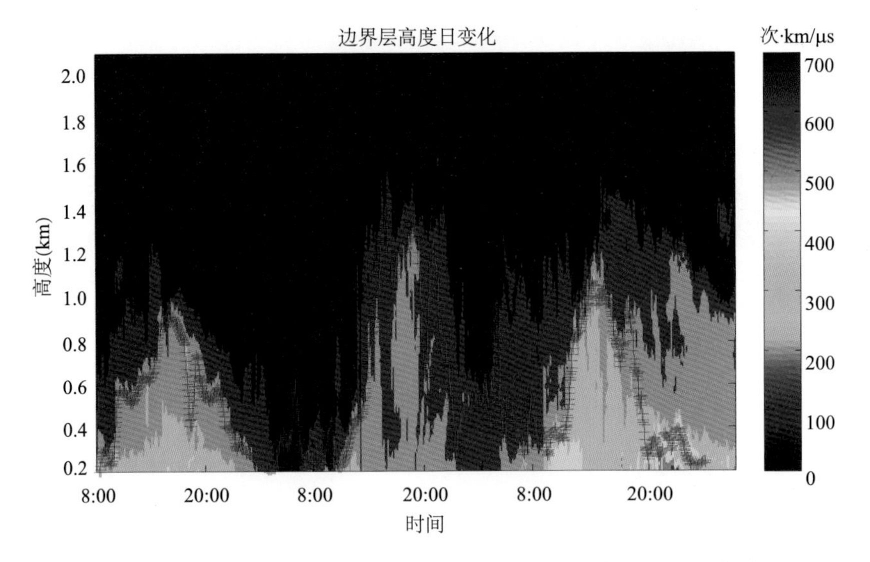

图 7.6　2008 年 11 月 3—5 日安徽寿县大气边界层高度的日变化特征

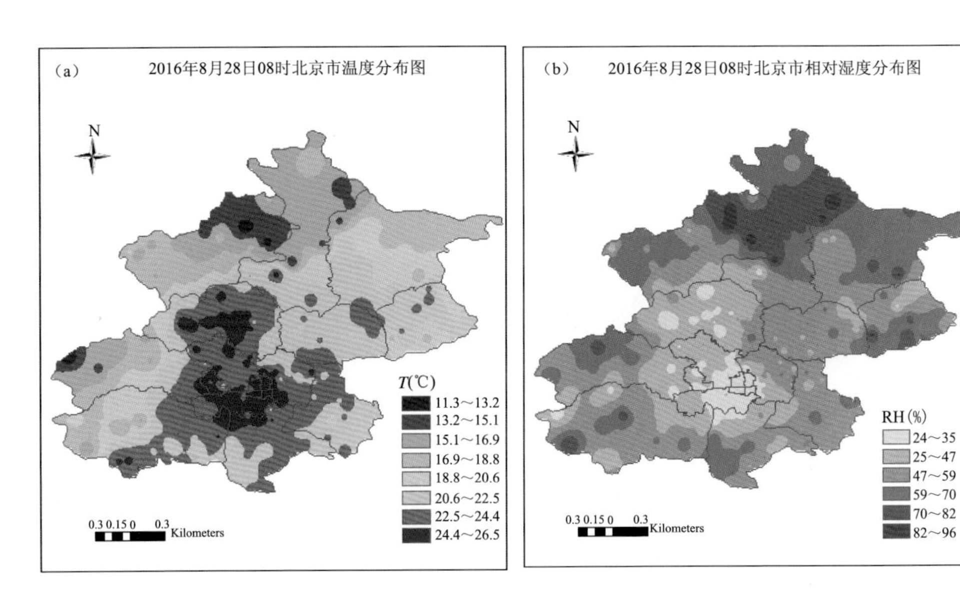

图 9.15　输出结果。2016 年 8 月 28 日北京温度(a)和相对湿度(b)分布